Stéphane Etrillard
Auftritt und Wirkung

W0064596

Ausführliche Informationen zu jedem unserer lieferbaren und geplanten Bücher finden Sie im Internet unter ↗ http://www.junfermann.de. Dort können Sie unseren Newsletter abonnieren und sicherstellen, dass Sie alles Wissenswerte über das Junfermann-Programm regelmäßig und aktuell erfahren. – Und wenn Sie an Geschichten aus dem Verlagsalltag und rund um unser Buch-Programm interessiert sind, besuchen Sie auch unseren Blog: ↗ http://blogweise.junfermann.de.

STÉPHANE ETRILLARD

AUFTRITT UND WIRKUNG

SOUVERÄN ÜBERZEUGEN – IM KLEINEN KREIS
UND VOR GROSSEM PUBLIKUM

Junfermann Verlag
Paderborn
2015

Copyright	© Junfermann Verlag, Paderborn 2015
Coverfoto	© maxcam – fotolia.com
Autorenfoto	© Sylke Gall, Berlin 2014
Covergestaltung / Reihenentwurf	Christian Tschepp

Satz   JUNFERMANN Druck & Service, Paderborn

Bibliografische Information
der Deutschen Bibliothek

Die Deutsche Bibliothek verzeichnet diese
Publikation in der Deutschen Nationalbiblio-
grafie; detaillierte bibliografische Daten sind
im Internet über http://dnb.ddb.de abrufbar.

ISBN 978-3-95571-034-7

Dieses Buch erscheint parallel als E-Book.
ISBN 978-3-95571-035-4 (EPUB), 978-3-95571-350-8 (MOBI),
978-3-95571-351-5 (PDF).

Inhalt

Einleitung

In unserem Leben ist nahezu jeder Erfolg (und auch Misserfolg) eng mit dem persönlichen Auftreten verknüpft. Dabei spielt es keine Rolle, ob es um ein Gespräch im kleinen Kreis, eine Präsentation vor zehn oder um einen Vortrag vor Hunderten Zuhörern geht: In allen Fällen handelt es sich um einen Auftritt vor Publikum, und das Ziel ist immer, die Zuhörer sowohl von den Inhalten als auch ganz persönlich zu überzeugen. – Viele Menschen sehen darin eine schwierige Aufgabe. Kommen noch fehlende Erfahrung, Lampenfieber, Anspannung und Nervosität hinzu oder findet der Auftritt unter schwierigen Bedingungen statt, erscheint es schnell unmöglich, die anstehende Aufgabe souverän zu bewältigen. Und ein verpatzter Auftritt ist nicht nur peinlich, sondern wird dem Vortragenden ganz persönlich angelastet. Gerade im Beruf steht dann auch die eigene Reputation auf dem Spiel.

In diesen Fällen hilft nichts besser als das nötige Wissen darüber, worauf es in welcher Situation ganz konkret ankommt, was wirklich einen souveränen und überzeugenden Auftritt ausmacht und was eher schadet. Dieses Know-how finden Sie auf den folgenden Seiten. Sie werden erfahren, wie Sie Ihre eigenen Fähigkeiten besser nutzen und wie Sie typische Fehler vermeiden, wenn Sie vor Publikum auftreten. Dadurch schützen Sie sich vor Misserfolgen und haben es einfacher, Ihre Zuhörer persönlich und inhaltlich zu überzeugen. Schließlich ist ein gelungener Auftritt auch die beste Werbung für Sie selbst. Denn für einen dauerhaften Erfolg im Beruf werden das persönliche Auftreten und die daraus resultierende Wirkung auf andere immer wichtiger. Und auch bei Auftritten im privaten Rahmen kann es nicht schaden, eine gute Figur zu machen.

Mit diesem Buch möchte ich Ihnen das nötige Wissen an die Hand geben, mit dem Sie Ihre persönliche Wirkung optimieren und souveräner auftreten können. Wenn Sie also im großen oder kleinen Rahmen auf dem sprichwörtlichen Präsentierteller stehen, können Sie dieses Wissen zurate ziehen und ganz gezielt einsetzen – übrigens auch und gerade dann, wenn der Auftritt vor schwierigem Publikum stattfindet oder wenn mit Widerstand zu rechnen ist. So können Sie den Auftritt kompetent und mit gestärktem Selbstvertrauen angehen.

Natürlich erfahren Sie, wie Sie die einzelnen Elemente eines Auftritts verbessern können – wichtiger ist mir jedoch, dass Sie die Rede, den Vortrag oder die Präsentation als Ganzes sehen, um so auf ganzer Linie überzeugen zu können. Das beinhaltet Elemente, die schon im Vorfeld der Veranstaltung zu beachten sind, und es geht auch über den Schlusssatz hinaus. Denn gerade nach dem Ende des Auftritts beginnt eine Phase, der vielfach zu wenig Beachtung geschenkt wird: die Gespräche und Diskussionen im persönlichen Kontakt.

Ich wünsche Ihnen eine anregende Lektüre und spannende Auftritte, die allen Erwartungen und insbesondere auch Ihren eigenen Ansprüchen gerecht werden.

Ihr Stéphane Etrillard

1. | Der persönliche Auftritt und seine Wirkung

Ein persönlicher Auftritt – muss das überhaupt sein? Das kann man doch auch anders erledigen und beispielsweise eine E-Mail verschicken. Welchen Vorteil hat es überhaupt, persönlich in Erscheinung zu treten und dafür womöglich noch eine Anreise in Kauf zu nehmen? – Das ist natürlich eine berechtigte Frage. Und in der Tat: Kaum jemand hat Zeit zu verschenken, also will es gut überlegt sein, worin wir unsere Zeit investieren. Längst nicht in allen Fällen ist eine Präsentation, eine Rede oder ein Vortrag das Mittel der Wahl. Natürlich erfordert nicht jedes kleine Ereignis, jede neue Information oder Idee eine ausgefeilte persönliche Präsentation. Der persönliche Auftritt kostet schließlich nicht nur eigene Zeit, sondern insbesondere auch die der Zuhörer – und das ist zugleich der springende Punkt. Wenn sich zehn, hundert oder noch mehr Menschen die Zeit nehmen, um einem Vortrag oder einer Rede zu lauschen oder eine Präsentation auf sich wirken zu lassen, muss der Aufwand für die Veranstaltung in einem guten Verhältnis zur Zielsetzung des Auftritts stehen.

Das ist der Fall, wenn es um wichtige Entscheidungen geht, um Informationen von großer Bedeutung, essenzielle Neuerungen, einschneidende Veränderungsprozesse oder darum, andere von weitreichenden Ideen oder Vorschlägen zu überzeugen. Außerdem ist ein persönlicher Auftritt immer dann das richtige Instrument, wenn wir die Zuhörer – beispielsweise einen wichtigen Kunden – in das Zentrum des Geschehens stellen wollen. Es macht schließlich einen Unterschied, ob sich jemand die Mühe macht, bei einem Kunden oder Partner persönlich zu erscheinen, oder ob wir ihm eine E-Mail mit einer beigefügten Dokumentation schicken.

1.1 Zeigen, was man kann, was man weiß und wer man ist

Zugleich ist jeder persönliche Auftritt immer auch eine Selbstpräsentation. Dieser Aspekt ist weit mehr als nur ein Nebeneffekt. Schließlich ist der persönliche Erfolg, vor allem die berufliche Karriere, an die persönliche Reputation und an den eigenen Bekanntheitsgrad gekoppelt. Und hier bietet ein Auftritt vor Publikum eine ganze Reihe von Möglichkeiten, um das eigene Image aufzupolieren. Jeder persönliche Auftritt bietet zahlreiche Gelegenheiten, um

- die Aufmerksamkeit auf sich zu lenken;
- neue Kontakte zu knüpfen;
- persönliche Beziehungen herzustellen und zu pflegen;
- anderen Menschen zu zeigen, was man kann, was man weiß und wer man ist;
- einen nachhaltigen persönlichen Eindruck zu hinterlassen.

Ein Auftritt vor Publikum rückt die eigene Person ins Rampenlicht – ganz unabhängig von der Anzahl der Zuhörer. Jeder gelungene Auftritt fördert dabei das eigene Ansehen und oft genug auch die eigenen Karrierechancen. Schon diese Tatsachen sprechen eindeutig für persönliche Auftritte, zumal es bei allen unpersönlichen Kommunikationsformen weitaus schwieriger und auch langwieriger ist, auch nur ansatzweise ähnliche Effekte zu erzielen.

1.2 Der direkte Draht zum Publikum

Schon jetzt dürfte die Frage nach dem Nutzen von persönlichen Auftritten hinreichend beantwortet sein. Dabei wurden wesentliche Vorzüge eines persönlichen Auftritts bis hierhin noch gar nicht angesprochen. Denn durch den persönlichen Auftritt erhalten wir einen direkten Draht zum Publikum und können unmittelbar auf die Reaktionen der Zuhörer eingehen. Wir können den Auftritt also in Echtzeit an die Reaktionen der Zuhörer anpassen – komplexe Sachverhalte noch einmal oder mit anderen Worten erklären, auf Vorbehalte oder Fragen reagieren, Ängste oder Widerstände abbauen und direkt auf die Signale des Publikums eingehen. Manche Auftritte bieten obendrein die Möglichkeit, individuell auf einzelne Zuhörer einzugehen. So kann ein erfahrener und aufmerksamer Präsentierender schon an Mimik und Gestik seiner Zuhörer ablesen, ob noch Klärungsbedarf besteht oder nicht.

> Ein Auftritt ermöglicht den persönlichen Kontakt zur Zielgruppe und gibt Gelegenheit, auf Fragen oder Anmerkungen der Zuhörer individuell einzugehen.

Der persönliche Auftritt ist und bleibt die lebendigste Form der Präsentation. Ein gelungener und gut strukturierter Auftritt kann die Zuhörer begeistern, sie nachhaltig überzeugen und selbst Skeptiker zufriedenstellen und so den Weg zu einem bestimmten Ziel frei machen. Ein Auftritt vor Publikum bleibt beim Zuhörer haften, hilft dabei, die Inhalte besser zu verinnerlichen und die Kernbotschaften dauerhaft zu verankern. Er kann das Zusammengehörigkeitsgefühl stärken und einen sehr professionellen Eindruck hinterlassen. Er kann selbst schwierige Sachzusammenhänge auch Nichtfachleuten verständlich machen. Und haben die Teilnehmer einer solchen Veranstaltung noch Klärungsbedarf, ergibt sich fast immer eine Gelegenheit, jede offen gebliebene Frage zu beantworten. Für einen persönlichen Auftritt spricht also vieles. Allerdings – all diese Vorteile kommen nur dann zum Tragen, wenn die Präsentation, der Vortrag oder die Rede gekonnt vorbereitet und souverän über die Bühne gebracht wird.

Das ist zugleich der Haken an der Sache: Es wird zwar immer mehr und zu allen möglichen Anlässen präsentiert und vorgetragen, nur fehlt oft noch immer das nötige Hintergrundwissen und Können. Und so kommt es, dass die Zuhörer eine Präsentation nach der anderen über sich ergehen lassen und sich dabei manchmal nur mühsam wach halten können. Tatsächlich sind viele per-

> Seine positive Wirkung kann ein Auftritt jedoch nur dann entfalten, wenn der Vortragende sowohl inhaltlich als auch persönlich überzeugt.

sönliche Auftritte eher einschläfernd als inspirierend. Und wenn es ganz schlecht läuft, wird nicht nur das ursprüngliche Ziel des Auftritts verfehlt – der verpatzte Auftritt beschädigt obendrein die eigene Reputation.

Ein persönlicher Auftritt bringt zwar viele Vorteile mit sich, birgt jedoch auch einige Risiken. Die in den Auftritt gesetzten Hoffnungen lösen sich schnell in Luft auf, wenn deutliche inhaltliche, technische oder persönliche Defizite auftreten – vor allem dann, wenn es nicht allein darum geht, gut aufbereitete Informationen zu vermitteln (obwohl schon das viele Vortragende vor größere Probleme stellt), sondern das Publikum obendrein von etwas zu überzeugen und zu bestimmten Taten zu motivieren. Die Risiken steigen nochmals, wenn – was häufiger der Fall ist – das Publikum wenig aufgeschlossen dafür ist, sich von einer Sache, von Veränderung oder einem Vorhaben überzeugen zu lassen. In der Praxis bilden Vorurteile, Ablehnung oder wenigstens Skepsis teils große Hemmschwellen, die es erst zu überwinden gilt. – Der Vortragende wird mit seinem Auftritt zu einem Verkäufer einer Sache, eines bestimmten Vorhabens oder einer Idee und hat die Aufgabe, die möglichen Vorbehalte seiner Zuhörer auszuräumen. Das Publikum ist also der Faktor, auf den alle Bemühungen ausgerichtet sind.

Der wesentliche Vorteil eines persönlichen Auftritts ist deshalb die große Chance, dass letztlich selbst skeptische und ablehnende Zuhörer nachhaltig überzeugt werden können. Insbesondere dieser wichtige Vorteil von Präsentationen, Vorträgen und Reden ist es, der dazu geführt hat, dass die Fähigkeit, souverän vor Publikum aufzutreten, heute in so vielen Bereichen von so großer Bedeutung ist.

2. | Auftritt ist nicht gleich Auftritt

Wer nicht gerade vom ersten Schuljahr an ein Musterschüler war und es bis zum Schulabschluss geblieben ist, wird sich daran erinnern können, dass es immer dann, wenn eine Note auf der Kippe stand, auf die mündliche Mitarbeit ankam. So mancher konnte sich auf diese Weise noch einmal auf einen besseren Platz retten. Andere, die den Mund nicht aufbekamen, hatten allerdings das Nachsehen. Schon in der Schule hatten wir also unsere kleinen persönlichen Auftritte, deren Bedeutung allerdings nicht zu unterschätzen ist. Wer durch seine Persönlichkeit bestach, schnitt schon damals besser ab als andere, die eher keinen als einen guten Eindruck hinterließen. Tatsächlich gilt als erwiesen, dass Lehrer längst nicht nur rein objektiv bewerten. Gerade bei der Notenvergabe spielt der Sympathiefaktor, trotz aller Mühe um Neutralität, eine nicht zu unterschätzende Rolle. Deshalb sind es schon in der Schule nicht zwangsläufig die Klügsten, die am besten abschneiden – der persönliche Eindruck, den eine Schülerin oder ein Schüler auf seine Lehrer macht, ist ein wichtiger Faktor, der sich durchaus in der Benotung niederschlägt. Kurz: Wer durch seine Persönlichkeit überzeugt, hat es leichter.

Im späteren Leben sind die Menschen, die für uns wichtig sind, weitaus weniger der Neutralität verpflichtet als vorher die Lehrkräfte. Damit ist klar, dass der Persönlichkeitsfaktor im Laufe des Lebens eine immer wichtigere Rolle spielt. Denn spätestens im Beruf zählt insbesondere das persönliche Auftreten – hier setzt sich vor allem derjenige durch, der im Kundenkontakt, im Umgang mit Vorgesetzten, Mitarbeitern und Kollegen als Persönlichkeit überzeugt. Das gilt insbesondere bei persönlichen Auftritten. Schätzungsweise werden täglich weltweit allein 30 Millionen Präsentationen gehalten.

> Wer sich selbst gut in Szene setzen kann, lenkt positive Aufmerksamkeit auf sich und erhöht damit seine Erfolgschancen – in der Schule, in der Universität und erst recht im Berufsleben.

Damit stehen jeden Tag 30 Millionen Menschen auf dem Präsentierteller und gleichzeitig vor der Aufgabe, ihre Ideen, Produkte und Leistungen überzeugend zu präsentieren. Kaum noch jemand kommt im Beruf daran vorbei, Präsentationen und Vorträge zu halten. Vielmehr gehört es in immer mehr Berufen einfach dazu, vor Mitarbeitern, Kollegen oder Kunden aufzutreten und dabei eine möglichst gute Figur abzugeben.

Natürlich sind derartige Auftritte nicht jedermanns Sache. So mancher möchte sich am liebsten davor drücken und würde den Auftritt eher einem anderen überlassen, dem es besser liegt, im Rampenlicht zu stehen. Abgesehen davon, dass es auf Dauer niemandem gelingt, sich durchzumogeln, gehen so auch wichtige Chancen verloren: nämlich die Chancen, durch einen wirkungsvollen Auftritt positive Aufmerksamkeit auf sich zu lenken.

In der Praxis eines meiner Kunden wurde ich einmal Zeuge, als jemand ganz unvermittelt eine solche Chance ergriff und, wie ich später erfuhr, tatsächlich konkret und langfristig davon profitierte: Ich coachte den Zahnarzt, der eine Praxis mit zwei Kolleginnen und insgesamt vierzehn Angestellten führte, in Sachen Mitarbeiterführung und -kommunikation und begleitete ihn an diesem Tag bei seiner Arbeit. Die morgendliche Teamsitzung geriet ein wenig ins Stocken, weil sich angesichts hartnäckiger Probleme im Umgang mit der neuen Abrechnungssoftware allgemeine Ratlosigkeit breitmachte. Als dann schon diskutiert wurde, übergangsweise wieder die alte Software einzusetzen, schaltete sich die junge Zahntechnikerin ein, die im angeschlossenen kleinen Techniklabor der Praxis arbeitete. Sie sagte, sie hätte bei ihrem vorherigen Arbeitgeber mit der gleichen Software gearbeitet und hätte vielleicht eine Idee, wo das Problem liegen könnte. Sie schilderte ihre Idee, die eine der Ärztinnen direkt am Computer ausprobierte – und es funktionierte! Anschließend erklärte sie der gesamten Belegschaft die Hintergründe des Problems und wie sich das Problem vermeiden ließ. Außerdem erläuterte sie einige weitere Besonderheiten bei der Anwendung der Software und gab Hinweise für die Optimierung bestimmter Arbeitsabläufe.

Ohne es zu bemerken hatte die junge Kollegin eine überaus erfolgreiche Ad-hoc-Präsentation vor ihren Kolleginnen und Kollegen gehalten und damit auch ihren Chef sehr beeindruckt. Der hatte bis dahin keine Ahnung davon gehabt, dass sich seine Angestellte auch in Abrechnungs- und Softwareangelegenheiten auskannte. Doch ihr Auftritt sorgte dafür, dass er und die Kollegen sie jetzt mit etwas anderen Augen sahen und sie viel häufiger in den normalen Praxisalltag einbezogen. Das hatte für die junge Zahntechnikerin letztlich auch ganz praktische und finanzielle Folgen. Denn ihr Chef bot ihr nach einiger Zeit an, ihre Halbtagsstelle mit einigen Stunden an der Anmeldung aufzustocken, was die junge Kollegin sehr gern in Anspruch nahm.

Auftritte vor Publikum betreffen nämlich schon lange nicht mehr nur bestimmte Berufsgruppen. Ebenso lange sind es auch nicht nur Führungskräfte oder andere Mitarbeiter mit exponierter Position, zu deren Arbeitsalltag es gehört, vor größeren und kleineren Gruppen aufzutreten. Vielmehr wird heute von etlichen Berufstätigen erwartet, dass sie in der Lage sind, Präsenz zu zeigen und die Zuhörer von der jeweiligen Sache zu überzeugen. Auftritt ist nun allerdings nicht gleich Auftritt – es gibt unterschiedliche Formen, die sich zumindest in wichtigen Details voneinander unterscheiden. In der Praxis werden Begriffe wie Referat, Rede, Vortrag und Präsentation allerdings etwas uneinheitlich und vielfach auch synonym verwandt, obwohl jede dieser Auftrittsformen ihre speziellen Eigenheiten mit sich bringt. Um nun etwas Klarheit in die allgemein herrschende Begriffsverwirrung zu bringen, folgt ein kurzer Überblick.

2.1 Die Rede: Durch das gesprochene Wort überzeugen

Wer mündlich vor Publikum spricht, hält eine Rede – unabhängig davon, ob sie zwei Minuten oder eine Stunde dauert (was in den meisten Fällen allerdings wenig empfehlenswert ist). Tatsächlich gibt es nur sehr selten Gründe, die für eine längere Redezeit als 15 Minuten sprechen. Als Redner steht man allein vor einem zahlenmäßig weit überlegenen Publikum, von dem im besten Fall Wohlwollen, jedoch kaum Beistand zu erwarten ist. So liegt es am Redner selbst, eine gute Rede zu halten. Angesichts dieser Umstände ist es leicht nachvollziehbar, dass eine Rede einen schon mal ins Schwitzen bringen kann. Und dass man im Alltag einigermaßen leichtfüßig kommunizieren kann, heißt noch lange nicht, dass man auch ein guter Redner ist. Dazu gehört einiges mehr.

Die Wirkung der eigenen Persönlichkeit ist hier von ganz entscheidender Bedeutung. Wenn ein Redner mit einer guten Rede bestechen will, dann entscheiden neben der inhaltlichen Überzeugungsleistung auch Faktoren, die die persönliche Überzeugungskraft des Redners beeinflussen. Das sind beispielsweise:

- Ein guter Redner wirkt authentisch und strahlt aus, dass er das Thema verinnerlicht und selbst ein großes Interesse daran hat, dass die inhaltlichen Darstellungen fundiert und zutreffend sind.
- Er wird seine Zuhörer mit dem Thema sowohl rational als auch emotional erreichen.
- Vor allem eine einfallsreich gestaltete Rede überzeugt und erhält die Aufmerksamkeit des Publikums.
- Geübte Redner sind in der Lage, auch spontan und flexibel zu reagieren und wenn nötig in gewissem Rahmen Veränderungen einzuflechten.
- Essenziell ist, dass Sprache und Stimme klar und verständlich sind. Hat der Zuhörer schon allein aufgrund einer unpräzisen Sprache und schlechten Aussprache Verständnisprobleme, wird er sich sicher nicht von der Rede mitreißen lassen.

■ Ein bewusster Einsatz der Körpersprache, von Mimik und Gestik, tragen entscheidend zum Gelingen der Rede bei.

Nun sind natürlich nur wenige gute Redner vom Himmel gefallen. In den meisten Fällen gilt für die Vorbereitung auf eine Rede der einfache Grundsatz: „Übung macht den Meister." Mehrere „Trockenübungen" oder Probedurchläufe vor dem Spiegel, einem Aufnahmegerät oder einer Vertrauensperson sind für die meisten Redner unerlässlicher Teil der Vorbereitung, um Dauer, Wirkung, Verständlichkeit – und damit auch die Überzeugungskraft – einer Rede im Vorfeld zu überprüfen, Hemmungen abzubauen und sicherer zu werden. Reden werden zu unterschiedlichen Anlässen, im kleinen und großen Rahmen gehalten. Sie können ein bestimmtes Thema, eine oder mehrere Personen oder nahezu jeden Anlass zum Gegenstand haben. Es kann darum gehen, das Publikum zu überzeugen oder auch zu unterhalten. Die Intention einer Rede kann also sehr unterschiedlich ausfallen. Das wesentliche Merkmal der Rede ist: Die Rede wird frei und meistens ohne mediale Hilfsmittel gehalten.

> Da eine Rede ohne Medieneinsatz auskommt, sorgen hier neben den Inhalten vor allem Sprache, Stimme und Körpersprache für die überzeugende Wirkung.

2.2 Das Referat: Informationen vermitteln

Die uns allen wohl bekannteste Form eines Auftritts vor Publikum ist das Referat. An Schulen und Hochschulen dient es dazu, den Zuhörern Informationen zu vermitteln, zugleich jedoch auch zu zeigen, dass der Referierende in der Lage ist, wichtige von unwichtigen Informationen zu trennen und die relevanten Inhalte strukturiert und verständlich wiederzugeben. Auch wenn das Referat bei manchen Schülern wenig beliebt ist, ist es eine sehr gute Übung, enthält es doch bereits wichtige Elemente, die später für die meisten Menschen im Beruf wichtig werden: die Recherche,

Auswahl, Aufbereitung und strukturierte Wiedergabe der Inhalte. Wenn es dann noch gelingt, Interesse für das Thema beim Publikum zu wecken und persönlich eine gute Figur zu machen, ist die gute Note sicher.

Allerdings ist die Auftrittssituation für viele zunächst noch sehr ungewohnt. Es fehlt zudem die Erfahrung, um sicher einschätzen zu können, was bei den Zuhörern tatsächlich wie ankommt. Dabei hat es der Referierende noch vergleichsweise einfach: Es geht primär um die einprägsame und strukturierte Wiedergabe von Tatsachen und noch nicht darum, andere zu überzeugen, sie zu Handlungen zu bewegen oder als Fürsprecher zu gewinnen. Noch geht es einzig darum, Informationen zu vermitteln. Das ist auch das wesentliche Merkmal eines Referats. Der Referent hat, je nach Vorgabe, meist zwischen 10 und 30 Minuten Zeit. Er bedient sich dabei möglichst des freien Sprechens, wobei viele Referate auch einfach abgelesen werden, was für die Zuhörer dann oft recht ermüdend ist. Welche Hilfsmittel (Folien, Hand-outs, Bildschirm) verwendet werden, sagt nichts darüber aus, ob es sich um ein Referat oder eine andere Vortragsform handelt: Nur weil eine Folie oder ein Bildschirm verwendet wird, wird aus dem Referat noch keine Präsentation. Und auch, wenn frei gesprochen wird, ist es noch längst keine Rede und kein Vortrag. – Auch wenn uns Referate eher an die Schulzeit erinnern, spielen sie doch auch im Beruf eine Rolle: wenn es darum geht, eine Gruppe von Menschen in aller Kürze über Tatsachen und Fakten zu informieren. Das Referat ist damit so etwas wie der kleine Bruder eines Vortrags.

> Bei einem Referat geht es um die Informationsvermittlung. Und es geht darum, unter Beweis zu stellen, dass man in der Lage ist, Informationen zu recherchieren, auszuwählen, aufzubereiten und verständlich wiederzugeben.

2.3 Der Vortrag: Das Publikum für sich gewinnen

Auch beim Vortrag geht es um die Vermittlung von Wissen und Informationen, doch eben nicht nur darum: Der Vortrag soll dazu beitragen, das Publikum zu Taten (meist zu Entscheidungen) zu veranlassen, von einer Meinung zu überzeugen und zu neuen Einsichten zu führen, aus denen dann wiederum die beabsichtigten Entscheidungen resultieren. Der Vortragende will das Publikum für die Unterstützung der eigenen Ziele gewinnen. Dabei kann die Teilnehmerzahl stark variieren: Der Vortrag kann vor einigen wenigen oder auch vor Hunderten von Zuhörern stattfinden – ein Auftritt in den (digitalen) Medien kann mitunter sogar ein Millionpublikum ansprechen. In allen Fällen handelt es sich um einen Auftritt vor einem Publikum, das dem Auftretenden und seinen Zielsetzungen gegenüber kritisch, neutral oder auch aufgeschlossen eingestellt ist. Stets geht es in letzter Konsequenz darum, das Publikum zu überzeugen – und nicht nur von den jeweiligen Inhalten, sondern auch von der eigenen Persönlichkeit.

> Ein Vortrag hat zwei Hauptziele: Informationen vermitteln und im Publikum Unterstützung für die eigenen Ziele gewinnen.

Wie bei einem Referat geht es darum, Wissen und Informationen zu vermitteln. Es gibt jedoch einen wesentlichen Unterschied: Bei einem Referat dient das vermittelte Wissen den Zuhörern in erster Linie zu ihrer Bildung, bei einem Vortrag sind die Informationen für die Zuhörer unmittelbar von Bedeutung. Das heißt, in vielen Fällen ist das Publikum persönlich von den Inhalten des Vortrags betroffen. Deshalb ist es für den Vortragenden auch so wichtig, das Publikum zu überzeugen, es anzuregen und mitzureißen. In den meisten Fällen ist der Vortragende ein Experte auf seinem Gebiet, der die Zuhörer für sein Thema interessieren oder begeistern möchte.

Heute werden bei vielen Vorträgen technische Hilfsmittel, Bilder, Grafiken und Texte verwendet. Vor allem dieser Aspekt, die Einbindung von Medien, macht aus einem Vortrag eine Präsentation.

2.4 Die Präsentation: Wer präsentiert, braucht Präsenz

Auch wenn eine Präsentation genau genommen ein Vortrag mit Medienunterstützung ist, handelt es sich allein schon wegen der großen Bedeutung, die Präsentationen im heutigen Berufsleben einnehmen, um eine eigenständige Gattung. Präsentationen zählen längst zu den wichtigsten Instrumenten der internen und externen Kommunikation in Unternehmen. Heute hat wohl nahezu jeder seine Erfahrung mit Präsentationen – wenn nicht als Präsentierender, dann als Zuhörer. Im Beruf dienen Präsentationen vor allem dazu, neue Ideen vorzustellen, ein Produkt zu präsentieren, komplexe Zusammenhänge zu verdeutlichen oder ein Unternehmen bei Fachtagungen, Kongressen oder Messen zu vertreten. Die jeweiligen Präsentationsanlässe sind weit gefächert und nahezu grenzenlos. Der Erfolg einer Präsentation hängt dabei niemals von einem einzelnen Kriterium ab, vielmehr kommen mehrere Faktoren zusammen, die in ihrer Summe die Architektur einer Präsentation bilden.

> Eine Präsentation lebt von ihren überzeugenden Inhalten und von der Präsenz des Vortragenden.

Für den persönlichen Erfolg ist es heute überaus wichtig, nicht nur die Faktoren genau zu kennen, die zum Präsentationsziel führen, sondern die einzelnen Elemente auch gezielt einsetzen und bei Bedarf den jeweiligen Gegebenheiten anpassen zu können.

Im Mittelpunkt einer jeden Präsentation steht dabei nach wie vor, und gerade auch in Anbetracht der mittlerweile fast unüberschaubaren technischen Möglichkeiten, der Mensch. Dies ist auf der einen Seite der Präsentator selbst, und auf der anderen sind es seine Zuhörer. Die Überzeugungskraft einer Präsentation wird daher noch immer und zu wesentlichen Anteilen von der Persönlichkeit eines souveränen Präsentators bestimmt. Mit einer guten Struktur und sehr geschickt eingesetzten Visualisierungen allein sind allenfalls Teilerfolge zu erzielen, wenn offensichtliche Defizite im persönlichen Auftreten eines Präsentators ins Blickfeld des Publikums geraten. Neben den architektonischen Aspekten einer Präsentation sind es bestimmte Persönlichkeitsmerkmale, die maßgeblich zum Erfolg einer überzeugenden Präsentation beitragen. Wer präsentiert, braucht also vor allem persönliche Präsenz.

3. | Sich selbst präsentieren

Spätestens im Beruf machen viele Menschen kopfschüttelnd die Erfahrung, dass längst nicht immer diejenigen mit den besten Fähigkeiten und größten Kompetenzen am schnellsten vorankommen. Karriere machen allzu oft andere – und so mancher fragt sich dann: Warum ausgerechnet die? Gerecht ist das manchmal sicher nicht, bei genauerem Hinsehen letztlich allerdings verständlich. Denn wer weiterkommen will, braucht Aufmerksamkeit. Im beruflichen Alltag werden viele fähige Menschen schlichtweg übersehen. Viele fleißige Arbeitsbienen im Hintergrund fallen einfach nicht auf. Als Folge ziehen berufliche Chancen an ihnen vorüber, während andere, die es besser verstehen, die Aufmerksamkeit auf sich zu lenken, das Rennen machen.

> Chancen gehen bekanntlich nie verloren – die, die man selbst versäumt, nutzen andere.

Auch wenn es so mancher Idealvorstellung widerspricht: Was wirklich zählt, ist nicht allein, was man ist, was man kann oder nicht kann – es ist immer auch das Bild, das sich andere von einem Menschen machen. So mancher ist jedoch derart unauffällig, dass er nur ein verschwommenes und wenig einprägsames Bild abgibt. Das sind diejenigen, die vielleicht sogar mehr und besser arbeiten als einige andere, jedoch infolge ihrer Unscheinbarkeit übergangen werden, weil sie nicht im Bewusstsein der Entscheider verankert sind. Oder sie erscheinen als wenig geeignet, weil exponiertere berufliche Positionen vielfach auch eine starke persönliche Präsenz voraussetzen. Wem eine solche Präsenz fehlt, der scheidet schnell von vornherein aus.

3.1 Die Aufmerksamkeit auf sich lenken

Aus diesem Grund ist es für die eigene Karriere so wichtig, überhaupt erst einmal Präsenz zu zeigen und die allgemeine Aufmerksamkeit auf sich zu lenken. Für den beruflichen Erfolg reicht es schon lange nicht mehr aus, nur einen guten Job zu machen. Besonders dann nicht, wenn es niemand wirklich bemerkt. Und es hilft Ihnen auch nicht weiter, wenn es ausgerechnet immer die Falschen sind, die wissen, dass Sie hervorragende Leistungen bringen. Das Ziel ist daher, das Rampenlicht auf die eigene Leistungsfähigkeit zu lenken. Das fällt vielen Menschen schwer. Die einen üben sich in Zurückhaltung oder empfinden es als geradezu peinlich, sich zu exponieren, hoffen jedoch insgeheim, dass ihre Leistungen schon von irgendjemandem erkannt werden. Andere reden nur zu gerne von sich selbst, schaffen es jedoch nicht, die richtigen Ansprechpartner zu überzeugen. – An dieser Stelle kommt nun das ins Spiel, was allgemein als Selbstmarketing oder Selbst-PR bezeichnet wird. Damit keine Missverständnisse entstehen: Das Marketing in eigener Sache ist ein systematischer Prozess, der immer auch Substanz voraussetzt und alles andere als bloße Schaumschlägerei ist. Gefragt sind hierbei Glaubwürdigkeit und Authentizität. Alle Bemühungen verlaufen im Sand, wenn sie unecht oder übertrieben erscheinen. Nicht nur deshalb ist gezieltes Selbstmarketing insbesondere auch für weniger extrovertierte Menschen geeignet.

> Ein gelungener Auftritt ist die ideale Gelegenheit für gezielte Selbst-PR.

3.2 Die fünf wichtigsten Elemente des Selbstmarketings

Das Selbstmarketing ist ein systematischer Prozess, der auf Dauer angelegt ist und verschiedene Aktivitäten voraussetzt. An dieser Stelle kann nur ein kurzer Überblick gegeben werden. Wer mehr zum Thema erfahren will, findet in der seriösen Fachliteratur zum

Thema Selbst-PR hilfreiche Handlungsempfehlungen. Grundsätzlich besteht das Selbstmarketing aus fünf Elementen. Diese fünf wesentlichen Elemente des Selbstmarketings sind:

1. **Ein klares Bewusstsein der eigenen Persönlichkeit:** Vielen Menschen ist nicht bewusst, was genau ihre Persönlichkeit ausmacht, was genau die eigenen Stärken und Schwächen und die ureigenen Spezialitäten sind. Nur wenn Sie Ihre Persönlichkeit mit möglichst all ihren Facetten genau kennen, können Sie diese auch gezielt und zum eigenen Vorteil einsetzen.

2. **Die Fähigkeit, die eigene Wirkung auf andere treffend einzuschätzen:** Erstaunlich oft bestehen Diskrepanzen zwischen dem Selbstbild und dem Fremdbild. In diesem Fall denken andere zum Teil völlig anders über uns, als wir es selbst glauben. Als Folge ist es nicht möglich, die eigene Wirkung auf andere Menschen – wie beispielsweise das Publikum bei einem öffentlichen Auftritt – zutreffend einzuschätzen. Wer die Wirkung der eigenen Persönlichkeit auf andere jedoch nicht einschätzen kann, verspielt damit auch die Chance, bewusst eine bestimmte Wirkung hervorzurufen – oder, was manchmal fatal sein kann, ruft eine völlig andere Wirkung als beabsichtigt hervor.

3. **Das persönliche Auftreten und die eigene Wirkung gezielt gestalten:** Hier sind keine schauspielerischen Qualitäten gefragt. Vielmehr geht es darum, auf Grundlage der eigenen, authentischen Persönlichkeit so aufzutreten, dass sich daraus Vorteile ergeben. Dies erfordert die unter Punkt 1 und 2 genannten Fähigkeiten.

4. **Eine aktive Selbstdarstellung mitsamt einer geschickten Präsentation der eigenen Leistung:** Dieser Punkt lässt sich mit einem Satz zusammenfassen: Erkennen Sie, was Sie können, und zeigen Sie, was Sie können! Das bedeutet, dass Sie eigenverantwortlich handeln und nicht darauf warten, dass jemand anderes Ihnen sagen muss, was Sie können und was Sie tun sol-

len. Es liegt an Ihnen, Ihr Leben und Ihre Arbeit zu gestalten, Hemmnisse und Widerstände zu überwinden. Ein wichtiger Punkt dabei ist: Machen Sie sich nicht selbst kleiner, als Sie sind, indem Sie ständig nur davon reden, worin Sie sich noch verbessern müssten und in welchen Bereichen Sie noch Schwächen haben. Zeigen Sie Ihre Erfolge! Wenn Sie allein von Ihren Problemen sprechen, hat das kaum etwas mit positiver Selbstdarstellung zu tun. Auch nehmen Sie damit Ihrem Gegenüber die Möglichkeit, Ihre Leistungen wirklich wertzuschätzen.

5. **Erfolgreich auf sich aufmerksam machen:** Positive Aufmerksamkeit ist letztlich das Ziel aller Bemühungen im Rahmen des Selbstmarketings. Denn letztlich ist es doch so, dass die Menschen, denen es gelingt, ihre Leistungen deutlich zu machen, und die dabei auf ein positives Image zählen können, schneller und leichter vorankommen. Wer auch immer den Erfolg sucht, kommt nicht daran vorbei, den anderen zu zeigen, was man überhaupt zu bieten hat. Und wer keine Aufmerksamkeit auf sich lenken kann, wird in der grauen Masse untergehen und steht als Einzelkämpfer auf verlorenem Posten. Wichtig ist also, überhaupt erst einmal Präsenz zu zeigen und die allgemeine Aufmerksamkeit auf sich zu lenken.

Keine Gelegenheit ist besser dazu geeignet, die Aufmerksamkeit auf sich zu lenken, als ein öffentlicher Auftritt. Hier können Sie sich schnell einen Namen machen, denn von den Zuhörern werden Sie als Auftretender natürlich als Leistungsträger wahrgenommen – andernfalls hätte man Sie nicht als Repräsentant Ihres Unternehmens oder einer bestimmten Sache ausgewählt. Die Aufmerksamkeit aller Anwesenden ist auf Sie gerichtet. Und ein erfolgreicher Auftritt sorgt dafür, dass Sie im Gedächtnis der Zuhörer haften bleiben. Die Vorteile liegen auf der Hand: Bei vielen Anlässen besteht das Publikum aus Entscheidungsträgern – und hier zu punkten kann nie schaden. Wenn Sie zudem durch den Auftritt Ihr Unternehmen erfolgreich vertreten haben und zur Problemlösung oder Entscheidungsfindung beitragen konnten, festigt auch das Ihren guten Ruf. Ganz gleich, auf welcher Hierarchieebene Sie sich im Unternehmen befinden: Als Vortragender und Präsentierender sind Sie in einer exponierten Position und genießen eine Sonderstellung. Sie werden (nicht nur von den direkten Zuhörern) als für das Unternehmen bedeutend wahrgenommen. Der Auftretende gilt als derjenige mit besonderer Fachkompetenz, er hat den Überblick und weiß Bescheid. Deshalb liegt es an ihm, das Publikum zu informieren und zu überzeugen. – Für die Selbst-PR ist ein öffentlicher Auftritt also geradezu ein Idealfall.

Allerdings: Verstehen Sie Selbst-PR nicht falsch. Das Klappern gehört zwar bekanntlich zum Handwerk, doch nützt es nichts zu übertreiben – ganz im Gegenteil. Wenn Sie durch einen gut strukturierten Auftritt mit persönlicher Note überzeugen, haben Sie schon genug Werbung für sich gemacht. Es geht beim Selbstmarketing eben nicht darum, sich ständig unnötig in den Vordergrund zu spielen und alles Mögliche an die große Glocke zu hängen. Bei einem Auftritt steht die Sache, der ursprüngliche Anlass des Ganzen im Vordergrund. Sie stehen ja bereits auf dem Präsentierteller und im Zentrum der Aufmerksamkeit, genau das ist bereits der große Vorteil eines Auftritts für das Selbstmarketing. Indem Sie den Auftritt überzeugend und sympathisch über die Bühne bringen, haben Sie schon viel erreicht. Oft gelingt es, gerade mit einer gewissen Bescheidenheit die beste Wirkung zu erzielen. Was zeigt, dass Selbstmarketing keineswegs immer lauthals sein muss. Öffentliche Auftritte bieten daher insbesondere auch leisen und zurückhaltenden Menschen die Chance, sich selbst zu positionieren und ihre Leistungen zu präsentieren.

> Übertreiben Sie es nicht mit der Selbstvermarktung! Im Zentrum des Auftritts stehen trotz allem die Inhalte.

3.3 Wie ein Vorstellungsgespräch auf großer Bühne

Ob Sie nun eher zu den introvertierten oder extrovertierten Menschen zählen oder charakterlich irgendwo dazwischenliegen: Bleiben Sie bei einem Auftritt vor allem sich selbst treu und damit authentisch. So erzielen Sie die besten Effekte und sammeln obendrein wichtige Sympathiepunkte. In fast allen Fällen bieten öffentliche Auftritte ohnehin noch eine weitere Gelegenheit, sich ins Gespräch zu bringen: nach dem Auftritt. Hier kommt es meist noch zu vertiefenden Gesprächen, in denen spezielle Fachfragen gestellt werden oder auch einfach nur etwas Small Talk gepflegt wird. Damit bietet jeder Auftritt vielfältige Möglichkeiten, um sich ganz nebenbei auch selbst zu präsentieren.

Der Auftritt ist damit immer auch so etwas wie ein Vorstellungsgespräch auf großer Bühne. Wer Appetit auf Karriere hat, kann sie gezielt nutzen, um sich ins Spiel zu bringen. Eine erfolgreiche Präsentation oder ein erfolgreicher Vortrag macht zudem meist recht schnell eine große Runde: Auch wichtige Personen, die nicht unmittelbar zum Zuhörerkreis gehören, werden vom Verlauf des Auftritts erfahren. Das gilt insbesondere, wenn von dem Auftritt wichtige Entscheidungen, größere Geschäftsabschlüsse oder die Umsetzung von Veränderungsprozessen abhängen. In diesen Fällen ist der Auftritt von herausragender Bedeutung, und der Auftretende ist dabei auch schon einmal derjenige, der die Kohlen aus dem Feuer holt oder durch seinen Auftritt das Ruder noch einmal herumreißen kann. – Und all dies ist natürlich überaus förderlich für die eigene Karriere.

> Wer die positiven Effekte von persönlichen Auftritten gezielt zu nutzen weiß, kann damit seine Karriere ebenso gezielt vorantreiben.

Wer also aktiv Selbst-PR betreibt, kann verstärkt auf öffentliche Auftritte setzen, um die Effekte nochmals zu steigern. Und wer das Marketing in eigener Sache bislang vernachlässigt hat, kann einen Auftritt nutzen, um doch noch die erforderliche Aufmerksamkeit auf sich zu lenken.

Ich hatte einmal einen Klienten, der sich lange davor scheute, öffentliche Auftritte wahrzunehmen. Er war von recht zurückhaltender Natur und sah seinen Platz immer eher im Hintergrund. Da er beruflich jedoch hoch hinauswollte, blieben ihm bestimmte Pflichtauftritte nicht erspart. Interessanterweise konnte ich mit der Zeit beobachten, wie er langsam auf den Geschmack kam und sich immer weniger zierte, wenn es um eine Präsentation oder einen Vortrag vor Publikum ging. Wir sprachen über meine Beobachtung, und er bestätigte mir, dass sich tatsächlich seine Scheu vor Auftritten verringert hätte. Er sei sicherer geworden und entwickelte sogar eine gewisse Freude daran. Die Freude an den öffentlichen Auftritten entstand auch dadurch, dass sie eine schöne Abwechslung von der täglichen Arbeitsroutine boten und oft auch den Kontakt zu neuen Menschen ermöglichten. Damit sorgten die Auftritte für etwas frischen Wind und gaben ihm neue Impulse für die alltägliche Arbeit.

4. Wenn es auf den Unterhaltungswert ankommt

Bei längst nicht allen Auftritten geht es gleich ans Eingemachte. Viele Reden und Vorträge dienen primär der Unterhaltung des Publikums. Das kommt vor allem im privaten Rahmen (Hochzeiten, Geburtstage usw.), jedoch auch im Beruf vor. Im beruflichen Kontext geht es meist um Jubiläen, Verabschiedungen in den Ruhestand, Jahresabschlussreden und dergleichen. Zwar werden auch hier Informationen übermittelt, in erster Linie soll jedoch das Publikum unterhalten werden. Verglichen mit einer wichtigen Verkaufspräsentation oder einer Rede anlässlich einer Unternehmenskrise gelten derartige Auftritte als einfach. Doch wenn es so wäre, warum sind die meisten Reden dieser Art dann so langweilig, einschläfernd oder gar peinlich? Man erträgt sie und wartet insgeheim auf das Ende, um sie danach so schnell wie möglich wieder zu vergessen, was kaum jemandem schwerfällt, da ohnehin nichts Relevantes gesagt wurde.

> Sowohl im privaten als auch im beruflichen Kontext gibt es zahlreiche Redeanlässe, die vorrangig für etwas Unterhaltung sorgen sollen.

Die Sache ist also doch nicht so einfach, hat dafür aber einen Vorteil: Wenn ein solcher Auftritt mal wieder nicht ganz so toll gelaufen ist, hält sich der Schaden meist in Grenzen. Das heißt allerdings auch: Viele dieser Auftritte sind überflüssig. Die erste Frage ist deshalb: Muss das überhaupt sein? Schließlich muss nicht jede Kleinigkeit von einer Rede oder dergleichen eingeleitet werden. Oder es reichen einige freundliche Worte ohne einen zwanzig- oder dreißigminütigen Vortrag. Solange nicht sicher ist, dass der Auftritt irgendeinen positiven Effekt erzielt, ist es durchaus eine Überlegung wert, ob die Sache nicht schlicht und einfach verzichtbar ist. Es kann jedenfalls nicht Sinn der Sache sein, den Auftritt auf der einen Seite herunterzuspulen und auf der anderen Seite mehr oder weniger tapfer zu erdulden. Wer also mit einem Auftritt zur Unterhaltung beitragen will, sollte seine Zuhörer – was wenig überraschend, allerdings längst nicht selbstverständlich ist – also auch tatsächlich im positiven Sinne unterhalten, statt sie zu quälen.

Natürlich gibt es unzählige Anlässe, bei denen eine unterhaltsame Rede schlichtweg erwartet wird und auch überaus sinnvoll ist (Hochzeiten, Jubiläen, Abschiede in den Ruhestand, Betriebsfeiern und dergleichen). Wer hier aus Bequemlichkeit auf einen Auftritt verzichtet, begeht einen Fauxpas, der unerwünschte Konsequenzen nach sich ziehen kann. Also ist eine kurzweilige Rede gefragt, die zum Anlass passt und das Publikum unterhält. Jeder kennt beispielsweise die Situation einer betrieblichen Jahresabschluss- oder Weihnachtsfeier: An irgendeiner Stelle wird die Unternehmensleitung oder eine Führungskraft das Wort ergreifen. Zwar ist hinlänglich bekannt, dass eine solche Feier nun wirklich nicht der Zeitpunkt ist, um kritische Punkte anzusprechen, dennoch sind viele dieser Reden eher gefürchtet als beliebt. Wenn der Chef nun eine Stunde lang öffentlich haarklein die Geschäftszahlen vorrechnet, kann sogar die Ankündigung einer jährlichen Bonuszahlung zur zähen Prozedur werden. Im positiven Sinne unterhaltend ist das jedenfalls nicht, weil die Emotionen fehlen und die Bedürfnisse der Zuhörer ignoriert werden.

4.1 Womit Sie Ihr Publikum unterhalten

Bei allen Reden, die primär der Unterhaltung dienen, kommt es darauf an, persönliche Motive und Erfahrungen einzubringen und Erlebnisse in spannende Geschichten zu verpacken. Das heißt:

- Steigen Sie möglichst überraschend in die Rede ein.
- Schildern Sie Erlebnisse und Erfahrungen möglichst entspannt und bringen Sie die Pointe auf den Punkt.

- Nutzen Sie Anekdoten aus gemeinsamen Erlebnissen mit den Beteiligten, die den Anlass treffend illustrieren.
- Beziehen Sie sich auf exemplarische Situationen, die die Beteiligten aus eigener und / oder gemeinsamer Erfahrung gut nachvollziehen können.
- Wählen Sie besonders schöne, außergewöhnliche oder einzigartige Erlebnisse aus, die Sie und die Zuhörer gemeinsam erlebt haben.
- Bringen Sie Emotionen ins Spiel, indem Sie die eigenen Empfindungen oder die der Beteiligten ansprechen.
- Würzen Sie Ihre Schilderung mit einer guten Prise Humor, indem Sie einige Situationen beispielsweise etwas überspitzt darstellen.
- Verwenden Sie, wenn es passt, Zitate – wobei es nicht immer Zitate von irgendwelchen Berühmtheiten sein müssen, die nicht selten schon ein bisschen überstrapaziert sind. Oft ist ein prägnanter Satz, den ein Kollege oder Bekannter zu einem Vorfall gesagt hat, weitaus treffender und für die Zuhörer vor allem nachvollziehbarer.
- Sprechen Sie lieber zwei Minuten zu kurz als zwanzig Minuten zu lang. Optimal ist es, ein Ende zu finden, bevor die Zuhörer denken, dass es hoffentlich bald vorbei ist.
- Gehen Sie den Auftritt mit Begeisterung an und lassen Sie es auch Ihre Zuhörer spüren, dass Sie Ihren Job als Redner gern machen. Dann wird der Funke auch überspringen. Sie haben es schließlich selbst in der Hand und können die Inhalte auswählen, über die Sie auch selbst gern sprechen möchten.
- Suchen Sie ein prägnantes Ende für die Rede.

In den meisten Fällen lassen sich schnell passende Anekdoten oder hervorhebenswerte Situationen finden, die zum Anlass passen und mit denen Sie auch Ihre Zuhörer erreichen. Für eine gute Rede brauchen Sie jedoch mehr: ein Ziel und eine Botschaft. Überlegen Sie sich daher, was genau Sie mit der Rede erzielen wollen und welche Botschaft Sie transportieren wollen. Das müssen gerade in einer Rede, die im weniger ernsten Rahmen stattfindet, natürlich nicht immer hochgesteckte Ziele und ausgefeilte Botschaften sein. Im Gegenteil: Weniger ist in diesen Fällen manchmal mehr. Dennoch müssen Sie natürlich wissen, was Sie mit Ihrem Auftritt überhaupt bezwecken wollen. Entwickeln Sie also zuerst Ihr Ziel und die passenden Botschaften (beides kann durchaus schlicht und einfach sein) und suchen Sie erst dann nach den geeigneten Inhalten für den Auftritt.

4.2 Worauf Sie besser verzichten sollten

Wie so oft kommt es auch bei einem unterhaltsamen Auftritt in besonderem Maße darauf an zu wissen, wo die Fettnäpfchen liegen. Der am weitesten verbreitete Fehler ist die bereits angesprochene und oft zu lange Rededauer. Es bringt einfach nichts, lediglich eine bestimmte Redezeit mit belanglosen Worten zu füllen. Außerdem wird es mit jeder Minute schwieriger, das Publikum bei der Stange zu halten. Die Aufmerksamkeitsspanne des Publikums ist begrenzt und lässt gerade bei heiteren Anlässen sehr schnell nach. Prägnant und pointiert ist deshalb, wenn Sie nicht gerade ein echtes Showtalent sind, in allen Fällen unterhaltsamer als eine langatmige Rede mit einer Abschweifung nach der anderen. Doch die zu lange Rededauer ist längst nicht das einzige Fettnäpfchen, das aus einem gut gemeinten Auftritt einen völligen Reinfall machen kann. Achten Sie in Ihrer Rede deshalb nicht nur darauf, was Ihnen Pluspunkte bringt, sondern ganz bewusst auch darauf, das zu vermeiden, was beim Publikum weniger gut ankommt:

- Humor tut jeder unterhaltsamen Rede gut, doch ist es manchmal auch eine Gratwanderung zwischen lustig und peinlich. Übertreiben Sie es daher nicht und achten Sie auf mögliche Empfindlichkeiten unter den Zuhörern.

- Achten Sie ebenfalls darauf, keine Scherze auf Kosten anderer zu machen. Verzichten Sie auf Albernheiten und Witze, die unter die Gürtellinie zielen. So schützen Sie sich und das Publikum vor peinlichen Momenten.
- Verkneifen Sie sich auch persönliche Kritik und achten Sie darauf, niemandem verbal auf die Füße zu treten.
- Denken Sie daran: Unterhaltsame Auftritte eignen sich (auch und gerade im beruflichen Kontext) nicht dazu, auf Schwierigkeiten und Problemen herumzureiten. Sprechen Sie möglichst über das Erfreuliche und nicht über die Schattenseiten.
- Vermeiden Sie – auch wenn es lustig zugeht und vielleicht noch Alkohol im Spiel ist – unbedingt Indiskretionen und Taktlosigkeiten, selbst dann, wenn Sie damit einen Lacher auf Ihrer Seite hätten, denn Sie riskieren damit einen nachhaltigen Vertrauensverlust und schlechte Stimmung. Beides ist keinesfalls das Ziel eines unterhaltsamen Auftritts.
- Überfordern Sie Ihr Publikum nicht. Achten Sie darauf, dass Ihre Zuhörer Ihnen leicht folgen können und verstehen, was Sie meinen.
- Wenn Sie keine Lust haben, zu einem freudigen Anlass eine unterhaltsame Rede beizutragen, dann lassen Sie sich auch nicht dazu überreden. Der Auftritt wird sicher nicht gut ankommen, wenn das Publikum Ihnen Ihr Unbehagen förmlich ansieht.
- Lesen Sie Ihre Rede nicht ab!

Zu guter Letzt: Ein Auftritt in ungezwungener Atmosphäre ist eine gute Gelegenheit, um Auftrittssituationen zu erproben, zumal Sie weitgehend freie Hand bei der Auswahl der Inhalte haben. Bei allen anderen Auftritten vor Publikum sind die Inhalte dagegen vorab recht klar definiert, und Sie haben weitaus weniger Spielräume, um persönliche Akzente zu setzen.

5. | Wenn Informationen im Vordergrund stehen

Die verständliche Vermittlung von Informationen und ihre möglichst hohe Einprägsamkeit stehen bei vielen Auftritten im Vordergrund – angefangen bei Referaten an der Uni über Informationsrunden in kleinen Teams bis hin zu Auftritten vor großem Publikum. In all diesen Fällen kommt es auf eine gute inhaltliche Vorbereitung an. Eine wesentliche Aufgabe besteht dabei in der Sammlung, Gewichtung und Auswahl der relevanten sachdienlichen Informationen. Gerade Auswahl und Gewichtung der Inhalte orientieren sich sehr stark daran, wo Sie die Kernbotschaften und die Schwerpunkte Ihres Auftritts ansiedeln und was Sie mit den Informationen bei Ihren Zuhörern erreichen wollen.

5.1 Recherchieren, auswählen, gewichten

Dabei können Sie einer Leitfrage folgen: Welche Informationen haben die größte Bedeutung für die Zuhörer und für das Erreichen meiner eigenen Zielsetzungen?

Es ist wichtig, dass Sie zu Beginn oder am besten noch vor der inhaltlichen Vorbereitung auch Ihren eigenen Kenntnisstand einer kritischen Prüfung unterziehen. Denn ein Manko, dessen Sie sich erst im Verlauf des Auftritts bewusst werden – vielleicht sogar erst bei Nachfragen Ihrer Zuhörer –, kann schnell negative Auswirkungen haben. Fragen Sie sich deshalb, welche Aspekte des Themas Ihnen besonders vertraut sind und in welchen Bereichen Ihre Kenntnisse womöglich Lücken aufweisen. Versuchen Sie unbedingt schon im Vorfeld, diese Lücken zu schließen oder zumindest so weit informiert zu sein, dass Sie notfalls Hinweise auf weiterführende Informationen bieten können. So ersparen Sie sich unter Umständen unangenehme Überraschungen während des Auftritts oder danach.

Ein Kollege, dessen Präsentation ich bei einem Kongress sah, hatte eine sehr gute Idee, wie er solche weiterführenden Informationen an seine Zuhörer weitergeben konnte. Er hatte auf seiner Website eine Übersicht seiner verwendeten Quellen und interessanter Beiträge zum Weiterlesen angelegt, mit ausführlichen Literaturangaben, Links und kurzen Kommentaren zur besseren Einordnung der Quelle. Die Internetadresse dieser Übersichtsseite stand im Fuß seiner Präsentationsfolien, sodass jeder, der Interesse daran hatte, den Link direkt ins Smartphone eingeben konnte und dann die Informationen parat hatte.

Nutzen Sie für die Informationsrecherche ausschließlich zuverlässige Informationsquellen. Wenn Sie nicht sicher sind, ob eine Quelle (beispielsweise aus dem Internet) glaubwürdig ist, verzichten Sie auf die entsprechende Information oder recherchieren Sie den Wahrheitsgehalt zusätzlich an anderer Stelle. Als Informationsquellen bieten sich an:

- Fachliteratur jeder Art;
- Kollegen aus den entsprechenden Fachabteilungen;
- Berichte aus der Praxis (Referenzobjekte, Erfahrungsberichte, Forschungsberichte);
- wissenschaftliche Aussagen zum Thema (Statistiken, unabhängige wissenschaftliche Untersuchungen, Expertenaussagen, Ergebnisse von Fachtagungen etc.);
- Presseberichte aus Fachzeitschriften oder auch der Tagespresse.

Nach dem Sammeln und Ordnen der Inhalte sowie der Suche nach passenden Informationen, die Sie als beweiskräftige Quellen heranziehen können, ist es außerdem wichtig, den vorliegenden Stoff einer quantitativen und qualitativen Prüfung zu unterziehen. Im ersten Schritt wird der Stoff nochmals hinsichtlich seiner Brauchbarkeit geprüft. Dies ist ein weiterer Selektionsprozess, der durch eine anschließende Komprimierung Ihrer Inhalte eine weitere Filterung durchläuft. Tatsächlich ähnelt die inhaltliche Auswahl einer stufenweisen Filterung, bis Sie schließlich eine komprimierte und von Nebensächlichkeiten bereinigte Essenz erhalten.

Denken Sie bei der Reduzierung Ihrer Inhalte auf das Wesentliche daran, dass:

- neue Informationen immer größere Priorität haben als bereits Bekanntes;
- Informationen, die nicht bewiesen werden können oder deren Herkunft zweifelhaft ist, Ihnen nicht viel nützen;
- Sie nur solche Informationen auswählen, die für Ihre Zielsetzung und für Ihre Zielgruppe von Bedeutung sind;
- Meinungen allgemein anerkannter Experten mehr Beweiskraft aufweisen als unbekannte oder gar zweifelhafte Quellen;
- stets alle wesentlichen Facetten eines Themas berücksichtigt werden.

Das Ziel besteht immer darin, einerseits alle wesentlichen Aspekte abzudecken, ohne andererseits die Zuhörer einer Informationsüberflutung auszusetzen. Genau das ist Ihre primäre Aufgabe, wenn die Informationen im Vordergrund stehen.

5.2 Was die Zuhörer wissen wollen

Die Informationsauswahl ist natürlich von der jeweiligen Situation und ebenso von der Zusammensetzung des Publikums abhängig. Denn nicht jede verfügbare Information ist auch tatsächlich für jeden Zuhörer von Bedeutung und unter Umständen auch nicht für alle Ohren gedacht. Deshalb besteht die Aufgabe darin, genau die Informationen herauszufiltern, die

> Informationen, die nichts zur Sache tun, sind reiner Ballast; sie kosten wertvolle Zeit und mindern die Aufmerksamkeit der Teilnehmer.

- einen Überblick über das große Ganze verschaffen,
- für die Zuhörer besonders relevant sind und

- dem Publikum das Gefühl geben, umfassend und vollständig informiert worden zu sein.

Diese drei Punkte unter einen Hut zu bekommen ist nicht ganz einfach. Gerade die Frage, was für das Publikum relevant ist und wie viele Informationen überhaupt preisgegeben werden sollen, stellt für viele Vortragende einen Spagat dar. Denn keinesfalls sollten die Zuhörer das Gefühl bekommen, dass ihnen etwas verschwiegen wurde. Fehlende Informationen machen misstrauisch, lassen die Gerüchteküche brodeln und können die Glaubwürdigkeit des Vortragenden nachhaltig beschädigen. Schon aus diesen Gründen ist eine offene und ehrliche Kommunikation mehr oder weniger unbeholfenen Vertuschungsversuchen vorzuziehen. Das heißt nicht, dass tatsächlich jede Information bis ins Detail ausgeplaudert werden müsste. Vieles tut nichts zur Sache, manches bleibt aus Gründen der Diskretion unerwähnt oder wird nur grob umrissen. Wenn beispielsweise eine wichtige Führungskraft zu einem Konkurrenzunternehmen wechselt, muss nun wirklich nicht jeder die genauen Gründe dafür wissen – die Information, dass sich die Person zu einem beruflichen Wechsel entschieden hat, reicht durchaus.

Mit Informationen zu geizen ist also ebenso kontraproduktiv wie ein Zuviel an Information. Viele Vortragende verfahren nach dem Prinzip: „Ich sage denen alles, was sie wissen müssen." Das kann funktionieren – oder auch nicht: Denn hier kommt es auf die Perspektive an. Wer nicht über den eigenen Tellerrand hinausschaut, wird sein Ziel verfehlen. Wer sich jedoch in die Situation der Zuhörer hineinversetzen kann, erhöht damit die Chancen, die für den spezifischen Fall nötigen Informationen zu kommunizieren. Versetzen Sie sich daher in die Situation Ihrer Zuhörer und entscheiden Sie aus diesem Blickwinkel, welche Informationen Sie kommunizieren, was Sie nicht vorenthalten sollten und wie Sie dem Publikum das nötige Wissen vermitteln.

Persönliche Interessen der Zuhörer: Bedenken Sie daher vor dem Auftritt, zu wem Sie sprechen werden. Wichtig ist dabei, dass Sie genau wissen, was Ihre Zuhörer bereits wissen und welche Informationen ihnen fehlen, um sich ein umfassendes Bild zu machen. Vergegenwärtigen Sie sich dabei insbesondere die persönlichen Interessen der jeweiligen Zuhörer. – Jemand, der beispielsweise von einer Veränderung oder Entscheidung unmittelbar betroffen ist, braucht sicherlich genauere Informationen als ein anderer, der nur ganz am Rande involviert ist.

Entscheidungskriterien: Vielfach dienen Informationen dazu, eine Argumentation aufzubauen, mit der die Zuhörer dann zu einer Entscheidung bewegt werden sollen. Vergegenwärtigen Sie sich daher, welche Kriterien für eine Entscheidungsfindung von Bedeutung sind und welche die dafür erforderlichen Informationen sind.

Probleme und Lösungswege: Oftmals sind Schwierigkeiten, heikle Situationen und konkrete Probleme der Grund für den Auftritt. Versetzen Sie sich in solchen Fällen wiederum in die Situation Ihrer Zuhörer und vermitteln Sie die Informationen, die das Problem und die möglichen Lösungswege am besten verdeutlichen. Verweisen Sie auch auf die zu erwartenden Konsequenzen, insbesondere für die direkt und am stärksten Betroffenen unter den Zuhörern.

Sehr beeindruckt war ich einmal von einer meiner Klientinnen, die mir ihre beiden Varianten einer Präsentation (ein und desselben Produkts) vorführte. Die eine Präsentation richtete sich an die zukünftigen Nutzer des Produkts, die andere an diejenigen, die über dessen Anschaffung zu entscheiden hatten. Meine Klientin hatte sehr gründlich darüber nachgedacht, welche Informationen für die beiden Zuhörergruppen jeweils von Interesse waren. Und obwohl es sich um dasselbe Produkt handelte, unterschieden sich die dargestellten Inhalte sehr deutlich voneinander. Ganz klar standen in der einen Präsentation die praktische Anwendung und die Integration im Arbeitsalltag im Vordergrund sowie die dadurch zu erzielenden Arbeitserleichterungen, angereichert mit vielen Tipps für den reibungslosen Einsatz und für die eigenständige Durchführung kleinerer Wartungsarbeiten. Die zweite Präsentation konzentrierte sich voll und ganz auf den betriebswirtschaftlichen Nutzen und die positiven Auswirkungen auf die Arbeitsabläufe im Unternehmen sowie auf die Zukunftssicherheit dieser Produktlösung. – Meine Klientin hatte die Informationen ihrer beiden Präsentationen geradezu vorbildlich auf die jeweilige Zielgruppe abgestimmt. So konnte sie sowohl die zukünftigen Anwender überzeugen als auch die relevanten Entscheider.

Grundsätzlich gilt, wenn die Informationen im Vordergrund stehen: Nennen Sie die (insbesondere aus der Sicht des Publikums) nötigen Informationen und verzichten Sie auf unnötige Details! Gerade wenn es um komplexe Themen geht, kommt es darauf an, die Zuhörer ausreichend, jedoch auch nicht zu ausführlich zu informieren. Wer sein Publikum gut über einen Sachverhalt informiert und auch über mögliche Risiken aufklärt, beweist damit, dass er gute Kenntnisse von der Materie hat, und erscheint glaubwürdig. Wer es jedoch übertreibt und vom Hölzchen aufs Stöckchen kommt, läuft damit Gefahr, Misstrauen zu schüren. Ein gutes Gespür dafür, welche Informationen dem Publikum wichtig sind und welche nicht, erhöht eindeutig die eigene Glaubwürdigkeit. Außerdem hat die Aufmerksamkeit jedes Publikums ihre Grenzen. Halten Sie sich also nicht mit Nebensächlichkeiten auf, sondern kommen Sie auf den Punkt.

5.3 Informationspolitik im Unternehmen

In Unternehmen gehört es zu den wesentlichen Aufgaben aller Führungskräfte, die Mitarbeiter zu informieren – und das nicht nur, damit die Mitarbeiter die für ihre Arbeit erforderlichen Informationen erhalten, sondern auch, weil Informationen in einem engen Zusammenhang mit der persönlichen Motivation der Mitarbeiter stehen. Und diese Motivation gilt es unbedingt zu erhalten und zu fördern. Denn wer motiviert ist, ist zu besseren Leistungen fähig und kann auch über längere Zeiträume hohe Leistungen erbringen. Ein motivierter Mensch macht zudem weniger Fehler, hat weniger Fehlzeiten und ist dazu mit vollem Elan bei der Sache. – Dem dürfte niemand ernsthaft wiedersprechen wollen. Weil diese simple, jedoch bedeutende Erkenntnis natürlich längst in den Chefetagen der Unternehmen angekommen ist, ist auch die Mitarbeiterinformation ins Zentrum der Aufmerksamkeit gerückt. Allerdings war lange Zeit die Meinung verbreitet (und teilweise ist sie das auch heute noch), dass die Mitarbeiter nicht mehr von den allgemeinen Vorgängen wissen müssten als unbedingt nötig. Und als unbedingt nötig galten dabei lediglich elementare Informationen. Das führte zu beinahe absurden Führungsstrategien: Auf der einen Seite war die interne Informationspolitik geradezu desolat, auf der anderen Seite wurde immer mehr in die Motivation der Mitarbeiter investiert – bis sich allmählich die Erkenntnis durchsetzte, dass Informationen ein wesentlicher Bestandteil der Motivation sind. Schließlich wird sich niemand ins Zeug legen, wenn er nicht genau weiß, wofür und warum.

An der Informationspolitik und an ihrer praktischen Umsetzung in Gesprächen, Vorträgen und Präsentationen lässt sich vielfach die gesamte Unternehmenskultur ablesen. Auffällig ist, dass Mankos an dieser Stelle für viele geschäftliche Misserfolge verantwortlich sind, die Leistungsfähigkeit einschränken und die Zufriedenheit unter den Mitarbeitern (und oft auch unter den Kunden) mindern. Eine funktionierende Informationsvermittlung ist deshalb für jedes Unternehmen von größter Bedeutung. Eine effiziente Zusammenarbeit im Team wird mithilfe von Informationen überhaupt erst möglich. Die Belegschaft will und muss informiert werden über Aufgabenverteilung, Unternehmensziele, Entwicklungen, Pläne, Veränderungen, Vorfälle, Fakten, neue Kunden, Umstrukturierungen in der Führungsriege und

> Gerade in Krisensituationen kommt es auf eine weitsichtige Informationspolitik an.

vieles mehr. All dies hat nicht nur Auswirkungen auf das gesamte Unternehmen, sondern auch auf jeden einzelnen Mitarbeiter. Und damit die Belegschaft nicht blind im Wald steht, benötigt sie die richtigen Informationen. Fehlen Informationen, breiten sich Unruhe und Unsicherheit und schließlich Gerüchte aus. Dabei ist ein Unternehmen sicherlich nicht der richtige Ort, um Stille Post zu spielen.

Die Geschäftsführung und ihre Vertreter sind dafür verantwortlich, den Informationsfluss zu steuern und sicherzustellen, dass die Informationen in gewünschter Weise bei den Mitarbeitern ankommen. Und natürlich braucht ein Mitarbeiter nicht nur Fakten, um seine konkrete Arbeit optimal erledigen zu können – er will darüber hinaus wissen, was bestimmte Entwicklungen für ihn persönlich bedeuten und welche Konsequenzen zu erwarten oder eben nicht zu erwarten sind.

Der enge Zusammenhang zwischen Information und Motivation ist ein wesentlicher Grund, warum es bei vielen Vorträgen und Präsentationen darum geht, die Zuhörer mit Informationen zu versorgen. Den Informationsfluss zu steuern zählt heute zu den wichtigsten Aufgaben insbesondere von Führungskräften. Wo immer es um Motivation geht, werden Informationen benötigt. Deshalb spielen Vorträge und Präsentationen eine so große Rolle. Dabei geht es längst nicht nur um die unternehmerische Leistungssteigerung. Auch wenn es darum geht, Menschen zum Kauf oder zu einer Entscheidung zu motivieren, geht ohne Informationen gar nichts. Informationen sind also der Kern von Vorträgen und Präsentationen. Für den Vortragenden kommt es in allen Fällen insbesondere auf zwei Punkte an: auf die Auswahl und die Kommunikation der Informationen.

5.4 In Krisensituationen richtig informieren

All dies bekommt in Krisensituationen und dann, wenn schlechte Nachrichten zu vermelden sind, doppelte Bedeutung. Wenn jetzt falsch, zu spät oder sogar überhaupt nicht kommuniziert wird, kann sich der bereits entstandene Schaden schnell ins Unermessliche vergrößern. Die allgemeine Aufmerksamkeit ist jetzt auf die Führungskräfte gerichtet. Jedes Wort wird gewichtet, bewertet und eingeordnet – und ein Schweigen ebenfalls. Je nach Schwere und Art der Krise betrifft das auch die Öffentlichkeit, die Medien und natürlich die Kunden, Lieferanten und Geschäftspartner – insbesondere jedoch die eigenen Mitarbeiter, die sich mit Fragen zur Krisensituation oder auch mit Befürchtungen und Ängsten an die Geschäftsführung wenden und Wegweiser aus der Krise erwarten. Jedes Wort wird jetzt also auf die Goldwaage gelegt, und jedes Schweigen wird ebenfalls interpretiert.

Wer in einer solchen Situation das Wort ergreift, steht damit vor einer überaus heiklen Aufgabe. Und nichts ist wichtiger, als gerade jetzt die eigene Glaubwürdigkeit zu erhalten. Das heißt, wer jetzt vor Publikum spricht, braucht zunächst einmal viel Fingerspitzengefühl. Schließlich besteht die Aufgabe darin, realistische Einschätzungen über die Auswirkungen der Krise auf das eigene Unternehmen abzugeben. Jede Information kann hierbei eine zu viel, jedes fehlende Wort eines zu wenig sein. Das Publikum hat jetzt seine Ohren gespitzt, und es ist, als würde nur darauf gewartet, dass ein neues Schreckensszenario an die Wand gemalt wird. Die Gerüchteküche brodelt gewaltig, und viele Führungskräfte ahnen allenfalls, was hinter vorgehaltener Hand über das eigene Unternehmen im Umlauf ist.

Die Situation ist also vertrackt, wenn bereits eine unbedachte Äußerung ebenso wie das Verschweigen von Informationen zu Verstimmungen oder wilden Spekulationen führen kann. Der Hintergrund von alledem sind Verunsicherung und berechtigte Sorgen der Mitarbeiter, Kunden und Geschäftspartner. Sie alle haben eines gemeinsam: Sie wollen nicht an der Nase herumgeführt werden und schlicht und einfach wissen, wo das Unternehmen steht und woran sie sind. Wer nun für die Kommunikation Verantwortung übernimmt, hat die Aufgabe, angemessen zu reagieren.

Einzig durch eine glaubwürdige Informationspolitik kann allen Gerüchten Einhalt geboten werden. Nur so kann der allgemeinen Verunsicherung wirkungsvoll begegnet und das Vertrauen sowohl in die eigene Person als auch in das Unternehmen gestärkt werden. Leider ist die tatsächliche Informationspolitik in vielen Unternehmen wenig weitsichtig, was die ohnehin schon prekäre Situation leicht noch verschlimmert. Wenn Sie also in die Situation kommen, in Anbetracht eines Krisenszenarios zu Betroffenen zu sprechen, beachten Sie bitte unbedingt die folgenden Grundsätze:

> In Krisen herrscht große Verunsicherung. Und nur eine glaubwürdige Kommunikation kann das Vertrauen in ein Unternehmen erhalten und wieder aufbauen.

- Gehen Sie in die Offensive: Wenn Probleme auftreten, sprechen Sie darüber, bevor es andere tun! Scheuen Sie sich dabei nicht, auch eigene Fehleinschätzungen zuzugeben.

- Vertuschen Sie nichts: Eine Krise zu verheimlichen oder zu leugnen kann nicht gelingen. Letztlich wird doch alles an die Öffentlichkeit gelangen. Mit einem Vertuschungsversuch verspielen Sie auch das letzte Vertrauen und jede Glaubwürdigkeit, und die Betroffenen werden Ihnen auch nicht mehr glauben, wenn Sie die Wahrheit sagen. Informieren Sie deshalb richtig, vollständig und so aktuell wie möglich.

- Beschönigen Sie nichts: Klären Sie umfassend über die Ursachen auf und darüber, warum Sie welche Schritte einleiten. Gestalten Sie Ihr Handeln transparent und nachvollziehbar.

- Informieren Sie über Lösungsansätze und Maßnahmen, die ergriffen werden, um die Situation in den Griff zu kriegen, und halten Sie die Betroffenen über die weiteren Fortschritte auf dem Laufenden.

- Zeigen Sie Verständnis und Mitgefühl für die Sorgen und Ängste der Betroffenen: Wichtig ist hier, nicht distanziert oder desinteressiert zu erscheinen. Ihre persönliche Präsenz ist erforderlich.

- Gehen Sie auf andere zu: Suchen Sie den persönlichen Kontakt zu den wichtigsten Gesprächs- und Geschäftspartnern, damit diese die Informationen aus erster Hand erhalten.

Es liegt in der Natur der Sache, dass Krisen überraschend und unerwartet auftreten und häufig eine Eigendynamik entfalten. Das erhöht den Druck auf die Verantwortlichen, schnell zu reagieren, und setzt alle Beteiligten und Betroffenen unter Stress. Schnelle und angemessene Reaktionen können hier entscheidend dazu beitragen, negative Folgen zu mildern.

Um dieses Ziel zu erreichen und das Unternehmen vor unnötigen Belastungen zu schützen, ist eine gute Informationspolitik in Krisenzeiten unerlässlich. Es ist jetzt Aufgabe der Verantwortlichen, Stärke zu beweisen, indem sie sich aufgeschlossen und mit Interesse ihren Mitarbeitern und Kunden zuwenden und dabei ein offenes Ohr für ihre Sorgen haben und zugleich die Verantwortung für das eigene Handeln übernehmen. So positionieren sie sich als glaubwürdige Persönlichkeiten, die in der Lage sind, auch bei Gegenwind das Ruder in der Hand zu halten. Wichtig ist daher gerade in Krisenzeiten der direkte Kontakt zwischen Führungsriege und Mitarbeitern. In dieser Situation auf Distanz zu gehen und Informationen unter Verschluss zu halten wäre hingegen der absolut falsche Weg. Deshalb kommt es darauf an, wahrheitsgemäß und vollständig zu informieren, um Spekulationen von Anfang an den Wind aus den Segeln zu nehmen und Verunsicherungen gar nicht erst aufkommen zu lassen. Wer hingegen nur unzureichend oder falsch informiert, schürt zusätzliche Krisenherde und kann sich sicher sein, dass alle Fehlinformationen im Langzeitgedächtnis der Zuhörer haften bleiben. Oft wachsen unverschuldete Krisen zu Vertrauenskrisen und Motivationskrisen bei den Mitarbeitern und Partnern heran. Und gerade in ohnehin schwierigen Zeiten kann sich kein Unternehmen eine zweite oder dritte Front leisten. Deshalb kommt es auf eine frühzeitige und wahrheitsgemäße Informationspolitik an.

5.5 Ohne Information keine Motivation

Schon eingangs wurde beschrieben, dass eine hohe Motivation ohne Informationen nicht möglich ist. Was bereits im alltäglichen Geschäft gilt, gilt natürlich in besonderem Maße in Krisenzeiten. Schlechte Neuigkeiten oder Maßnahmen, die zunächst einmal Einschnitte nach sich ziehen, lösen bekanntlich selten Jubelchöre aus. Vielmehr verschärfen sich Befürchtungen und Zukunftsängste. Solche Situationen sind nicht einfach zu lösen. Doch der einzige Weg zu einer Lösung führt über gut kommunizierte Informationen. Die Ängste der Betroffenen können nur ausgeräumt werden, wenn sie verstehen, warum die Unternehmensführung so entscheidet und handelt und was das für die Zukunft des Unternehmens und des Einzelnen bedeutet. Werden hingegen alle im Unklaren gelassen über Absichten und Ziele der Führungsmannschaft, wird das Misstrauen steigen und die Motivation unter den Mitarbeitern rapide sinken.

> In einer Krise ist es unerlässlich, die Betroffenen darüber zu informieren, warum die Unternehmensführung so entscheidet und handelt und was das für die Zukunft des Unternehmens und jedes Einzelnen bedeutet.

Solch eine Entwicklung wäre fatal, denn die Krise darf die Mitarbeiter eines Unternehmens natürlich nicht lähmen. Doch genau diese Gefahr besteht. Entscheidend ist daher, dass die Mitarbeiter sich selbst als Teil der Lösung begreifen und verstehen, wie sie selbst zur Überwindung der Krise beitragen können. Floskeln, Allgemeinplätze oder leere Aufbauparolen sind dabei allerdings vollkommen fehl am Platze. Diese offenbaren nur, dass die Betroffenen und ihre Sorgen nicht ernst genommen und nicht in die Krisenbewältigung einbezogen werden – und das ist demotivierend! Alle bevorstehenden Maßnahmen müssen für die Belegschaft verständlich und nachvollziehbar sein. Für die Verantwortlichen heißt das: genau erklären, was warum vor sich geht, keinesfalls unrealistische oder überzogene Versprechungen machen und auf blinden Aktionismus und unverhältnismäßige Maßnahmen verzichten. Diese würden nur die eigene Glaubwürdigkeit untergraben und gleichzeitig auch die Motivation in Mitleidenschaft ziehen.

Dabei ist auch zu berücksichtigen: Steckt ein Unternehmen in der Krise, sind das für alle Betroffenen schwierige Zeiten – beruflich und privat. Die Emotionen können daher unter Umständen hohe Wellen schlagen, und derjenige, der die Informationen überbringt, kann durchaus Unverständnis ernten oder sich sogar Angriffen ausgesetzt sehen. Hier gilt es, souverän zu bleiben und sich auf gar keinen Fall provozieren oder zu unbedachten Äußerungen hinreißen zu lassen. Stattdessen sollte nach den ursächlichen Problemen oder Ängsten gesucht, gefragt und darauf eingegangen werden.

Wenn die Betroffenen spüren, dass sich die Verantwortlichen für ihre Belange interessieren und einsetzen und sie in die Bewältigung der Krise einbeziehen, werden sie sich im Gegenzug mit dem gleichen Engagement für das Unternehmen einsetzen, an der Lösung der Probleme mitarbeiten und die Führungsriege tatkräftig unterstützen. Gerade schwierige Zeiten, die gemeinsam überstanden wurden, sorgen für eine feste Bindung und motivieren auch für die Zukunft.

6. | Wenn Entscheidungen fallen sollen

Viele Auftritte finden vor allem statt, um die Zuhörer zu Entscheidungen zu bewegen. Das Publikum wird mit Informationen gefüttert, soll dadurch zu bestimmten Einsichten gelangen, aus denen dann die beabsichtigten Entscheidungen resultieren. Das Ziel ist also, die Zuhörer für die Unterstützung der eigenen Ziele zu gewinnen. Das allerdings klingt oft einfacher, als es in der Praxis ist, da die Ansichten der Zuhörer längst nicht immer mit den eigenen Überzeugungen übereinstimmen. Im Gegenteil: Vielfach stehen einer Entscheidung Hürden im Wege, zumal Entscheidungen letztlich immer emotional besetzt sind. Logische Abwägungen und rationale Argumente sind dabei ein wichtiges Mittel, um mögliche Befürchtungen der Zuhörer abzubauen. Doch die Ratio allein ist auch kein Allheilmittel, gerade wenn es darum geht, Entscheidungen herbeizuführen, die bisherige Gewohnheiten und Routinen infrage stellen.

Weil nun alle wichtigen Entscheidungen mit entsprechenden Gefühlen einhergehen, geht es darum, einerseits auf der Sachebene überzeugend zu argumentieren, andererseits die Zuhörer auch emotional anzusprechen und dabei selbst glaubwürdig aufzutreten. Weil diejenigen, die zu einer Entscheidung veranlasst werden sollen, oftmals schon mit Vorbehalten in die Präsentation oder den Vortrag kommen, ist es Ihre Aufgabe als Vortragender, sich konsequent an den Interessen, Bedürfnissen und Wünschen der Teilnehmer zu orientieren. Wenn Sie nicht wissen, welche Vorbehalte und Befürchtungen Ihre Zuhörer haben und was die Gründe dafür sind, haben Sie auch keine Möglichkeit, diese Hürden argumentativ zu überwinden.

Da die eigene Absicht, bestimmte Entscheidungen herbeizuführen, nur selten völlig identisch mit den Interessen des Publikums ist, geht es in dem Auftritt vor allem darum zu zeigen, worin einerseits die allgemeinen Vorteile liegen und welches andererseits der ganz persönliche Nutzen für die Teilnehmer ist. Gerade der persönliche Nutzen der Zuhörer ist hierbei ein elementarer Aspekt, mit dem Sie die Bereitschaft wecken können, dass Ihre Zielsetzungen vom Publikum nicht nur gebilligt, sondern auch bereitwillig mitgetragen werden.

Wann immer also Entscheidungen getroffen werden sollen, erhöhen Sie Ihre Erfolgschancen, wenn Sie die folgenden Grundsätze beachten:

- Vermitteln Sie alle Informationen, die zu einer Entscheidungsfindung erforderlich sind, und begründen Sie genau Ihre Einschätzung der Situation.
- Bereiten Sie alle Inhalte so verständlich wie möglich auf, damit Missverständnisse und Fehlinterpretationen ausgeschlossen sind.
- Vergegenwärtigen Sie sich, welche Erwartungen, Ziele, Interessen oder Probleme Ihre Zuhörer mitbringen und welche ihre wichtigsten Entscheidungskriterien sind.
- Überlegen Sie auch, an welchen Punkten Sie auf Kritik und Widerstand stoßen können.
- Verdeutlichen Sie die Vorteile und den Nutzen Ihrer Lösungen.

6.1 Die Psychologie der Entscheidungsfindung

Wer aufgerufen ist, eine Entscheidung zu treffen, wird natürlich versuchen, die beste Entscheidung zu fällen. Doch das ist genau genommen unmöglich: Um die optimale Entscheidung treffen zu können, müssten wir alle Alternativen inklusive der jeweiligen Konsequenzen genau kennen. Genau das ist uns jedoch nicht möglich. Als Beispiel für dieses Dilemma wird gern die Berufswahl herangezogen: Wer entscheiden will, welchen Beruf er ergreifen soll, müsste – um eine optimale Entscheidung treffen zu können – sämtliche Berufe, die es gibt, kennen und außerdem wissen, wie sich die Aussichten all dieser Berufe in Zukunft entwickeln werden. Das heißt, viele Optionen sind uns gar nicht bekannt, andere werden nicht in Betracht gezogen, weil sie uns als abwegig erscheinen. Auch dafür ein Beispiel: Wer sich ein neues Auto kaufen will, steht vor einer Entscheidung: Wie groß soll das Auto sein? Welche Farbe soll es haben? Wie viel Geld kann ich ausgeben? Welche Marke ist die richtige für mich? Kaufe ich einen Gebraucht- oder lieber einen Neuwagen? Wir spielen all diese Fragen und noch einige mehr durch und treffen dann eine Entscheidung. Die Option, sich eine neue Wohnung zu suchen, die näher an der Arbeitsstelle liegt, und sich dann ein Fahrrad zu kaufen, steht jedoch gar nicht zur Debatte.

> Unsere bisherigen Erfahrungen spielen bei nahezu allen Entscheidungen eine sehr wichtige Rolle.

Somit wird es nie möglich sein, die tatsächlich optimale Entscheidung zu treffen. Dennoch machen wir uns Entscheidungsprozesse nicht leicht. Im Gegenteil, wir wollen das Risiko einer Fehlentscheidung so gering wie möglich halten und werden deshalb sorgfältig abwägen, bevor wir uns festlegen. Da uns in der Regel nicht bewusst ist, dass wir gar nicht dazu in der Lage sind, tatsächlich alle Komponenten und Optionen kalkulieren zu können, versuchen wir, möglichst sachlich vorzugehen (um uns so selbst zu suggerieren, sorgfältig abgewogen zu haben), und beziehen zugleich andere Kriterien mit in die Entscheidungsfindung ein.

Eines dieser Kriterien sind unsere Erfahrungen: Gerade bei eher alltäglichen Entscheidungen stützen wir uns gern auf unsere eigenen Erfahrungen. Wir kaufen beispielsweise meistens die gleiche Butter, statt uns jedes Mal neu für eine Marke zu entscheiden. Das heißt, selbst wenn es Fakten gibt, die dagegen sprechen (zum Beispiel die nachweislich bessere Qualität oder der niedrigere Preis einer anderen Buttermarke), bleiben wir lieber bei unseren Gewohnheiten. Wir sind meist erst dann bereit, von diesen Gewohnheiten abzurücken, wenn sie zu negativen Folgen führen. Wenn Sie also eine Entscheidung herbeiführen wollen, die nicht mit den Gewohnheiten der Zuhörer vereinbar ist, kommt es darauf an, dem Publikum vor Augen zu führen, welche negativen Folgen eintreten, wenn alles beim Alten bleibt, und welche Vorteile eine Veränderung mit sich bringt.

Wenig rational ist ein anderes Entscheidungskriterium, unsere Intuition: Viele Entscheidungen treffen wir aus dem Bauch heraus, oft sogar spontan – manchmal selbst dann, wenn uns unsere Vernunft einen anderen Rat gibt. Gefühle können also unser rationales Denken mitunter stark beeinflussen und uns intuitiv entscheiden und handeln lassen. Aus diesem Grund kann es sehr hilfreich sein, als Auftretender auch Gefühle zu zeigen und die emotionalen Seiten einer Entscheidung sichtbar zu machen. Beispielsweise wirkt ein Vortragender, der sichtbar selbst begeistert ist von seiner Zielsetzung, weitaus überzeugender als ein anderer, der zwar die Fakten auf seiner Seite hat, die Zuhörer jedoch emotional nicht erreicht.

Letztlich wollen wir jedoch alle auch die Fakten kennen und das Für und Wider möglichst analytisch beurteilen (selbst dann, wenn am Ende eine Bauchentscheidung stehen sollte). Wir wollen, dass die Ausgangssituation beschrieben wird, und wollen auch erklärt bekommen, welche Entscheidung warum getroffen werden will und welche Alternativen bestehen. Dabei wollen wir abwägen, was dafür und was dagegen spricht, welche Folgen mit welcher Wahrscheinlichkeit zu erwarten sind und was das alles konkret für uns bedeutet. Deshalb ist es Ihre Aufgabe, die Zuhörer mit den erforderlichen Informationen zu versorgen und Ihre Argumente auf diesen Informationen aufzubauen. Um dann zu einer Entscheidung zu gelangen, spielen alle genannten Kriterien eine Rolle. Ganz wesentlich ist jedoch der zu erwartende Nutzen für jeden Einzelnen.

6.2 Persönliche Vorteile und konkreter Nutzen

Wer einen Vorteil oder einen konkreten Nutzen sieht, ist leichter zu überzeugen. Diese Erkenntnis nutzen alle klugen Verkäufer in ihren Verkaufsgesprächen. Und sie lässt sich auch auf Vorträge und Präsentationen übertragen, in denen es darum geht, andere zu überzeugen und zu einer Entscheidung zu führen: Wenn Sie Vorteile und Nutzen in Aussicht stellen können, werden Sie bei Ihren Zuhörern auf offene Ohren treffen. Das heißt, alle Argumente, die einen Vorteil und einen Nutzen verdeutlichen, sind besonders wertvoll. Denn wer den Nutzen einer Idee, eines Vorschlags oder eines Angebots nicht erkennt, wird dafür auch kein größeres Interesse aufbringen oder sogar mit Widerstand reagieren.

> Wer zu einer Entscheidung bewegt werden soll, wird sich fragen: Was nützt es mir, welche Vorteile habe ich davon?

Die Nutzenargumentation beinhaltet jedoch eine kleine Hürde: Nutzen ist nicht gleich Nutzen und Vorteil nicht gleich Vorteil. Es hängt ganz von der Situation Ihrer Zuhörer ab, wo genau für sie der Nutzen liegt und was ihre möglichen Vorteile sind. Die Beurteilungskriterien sind dabei subjektiv und individuell. Je genauer Sie also Ihr Publikum, seine Wünsche und Bedürfnisse kennen, umso zielgenauer können Sie Ihre Argumente darauf abstimmen.

Die Frage ist also, worin der Nutzen und die Vorteile für Ihr Publikum bestehen könnten. Wichtig ist dabei, dass Sie konkret werden. Wenn Sie zum Beispiel mit der Qualität eines Produkts argumentieren möchten, machen Sie deutlich, was genau die Qualität des Produkts ausmacht und welche konkreten Vorteile sich daraus ergeben. Das bedeutet: Es nützt nichts, nur Merkmale aufzuzählen. Denn das sagt zunächst nichts darüber aus, wovon Ihr Gegenüber nun profitiert. Wenn Sie beispielsweise eine technische Neuerung in Ihrem Unternehmen einführen wollen, mag es imposant klingen, wenn Sie jedes technische Detail aufzählen – die Mitarbeiter werden jedoch keinen Nutzen sehen, sondern vielmehr befürchten, dass die Arbeit künftig noch komplizierter wird. Wenn Sie bestimmten Details jedoch zugleich einen konkreten Nutzen zuordnen können, sieht die Sache ganz anders aus: Dann können Sie dem Einzelnen individuelle Vorteile bieten.

Obwohl jeder aus eigener Erfahrung weiß, wie wirkungsvoll die konkrete Aussicht auf einen persönlichen Vorteil ist, wird erstaunlicherweise genau das bei vielen Auftritten vergessen. Oder die Vorteile einer Idee werden eher am Rande erwähnt. Stattdessen bekommen wir Auswertungen, Beispielrechnungen und sonstige Analysen zu hören. Das ist für den einzelnen Zuhörer jedoch sehr abstrakt. Als Folge wird es ihm schwerfallen, die möglichen positiven Effekte aus den vorgetragenen Informationen herauszulesen. Eine Entscheidungsfindung wird so erschwert. Obwohl den meisten Auftretenden sehr wohl bewusst ist, was ihre Ideen und Lösungsvorschläge für den Einzelnen bedeuten, wird häufig vergessen, diese Vorteile ganz konkret beim Namen zu nennen.

An dieser Stelle kann sich jeder Vortragende von guten Verkäufern eine Scheibe abschneiden. Dieser Vergleich zwischen Vortragendem und einem Verkäufer liegt ohnehin nahe: Der Verkäufer preist seine Produkte und Leistungen an und versucht, bei seinen Kunden eine Kaufentscheidung auszulösen – als Vortragender sind Sie der Verkäufer Ihrer Ideen, Vorschläge oder Lösungen. Und auch Sie wollen Ihr Publikum überzeugen und eine Entscheidung herbeiführen. Machen Sie es deshalb wie ein guter Verkäufer: Argumentieren Sie mit den Vorteilen und dem Nutzen für Ihre Zuhörer. Denn nichts ist überzeugender als ein ganz konkreter Nutzen, der jedem Einzelnen klare Vorteile verspricht. Versuchen Sie also, den spezifischen Nutzen, die konkreten Vorteile Ihrer Ideen sichtbar zu machen. Das gelingt Ihnen, indem Sie die rein sachlichen Informationen mit den daraus resultierenden Vorteilen verknüpfen.

> Vergessen Sie bei Ihren Auftritten nicht, neben Statistiken, Zahlen und Analysen die ganz konkreten Vorteile für Ihre Zuhörer zu benennen.

Das heißt: Beschränken Sie sich nicht darauf, lediglich Zahlen, Daten und Fakten aufzuzählen. Zeigen Sie vielmehr, was genau all diese Informationen für Ihre Zuhörer ganz konkret bedeuten, wo die Vorteile liegen und welchen Nutzen sie davon haben. Gerade in Unternehmen geht es bei Vorträgen und Präsentationen nicht nur um eine einzige Idee, sondern meist um mehrere miteinander zusammenhängende Aspekte. Werden in solchen Fällen lediglich die einzelnen Komponenten und die jeweiligen sachlichen Hintergründe erläutert, wird das Ganze für das Publikum schnell unübersichtlich und schwammig. Eine reine Informationsflut, bei der die spezifischen Vorteile nicht konkret benannt werden, kann sogar zu Skepsis und Ablehnung führen – das ist dann der Fall, wenn sich das Publikum von den Informationen erschlagen fühlt und den Bezug zu seinen individuellen Interessen nicht klar erkennt.

Reine Informationssammlungen und Auflistungen von Daten sind allein also wenig überzeugend. Es ist zwar üblich, technische oder andere Details haarklein aufzuzählen, doch wird dabei nur selten erwähnt, inwiefern sie sich positiv auf die individuelle Situation der Zuhörer auswirken. Bedenken Sie auch, dass Ihre Zuhörer manchmal gar nicht wissen, was ihnen fehlt. In Unternehmen (und auch anderswo) sind es oft lieb gewonnene Gewohnheiten und Routinen, die den Blick verstellen – so wird dann leicht an einer alten Routine festgehalten, statt eine Veränderung, die Vorteile mit sich bringen würde, einzuleiten. Tatsächlich ist es oft so, dass die Menschen einen kleinen Wink mit dem Zaunpfahl benötigen, um die Vorteile einer Sache zu erkennen. Abstrakte Gedankenspiele und Zahlen reichen da nicht, um ein Umdenken einzuleiten.

Bleiben wir beim Beispiel eines Verkäufers. Der Verkäufer will einem Kunden einen Computermonitor anpreisen. Der Kunde ist kein ausgewiesener Technikexperte, sondern ein ganz normaler Privatnutzer. Ein eher mäßiger Verkäufer würde nun die reinen Produktmerkmale aufzählen: Der Monitor habe DVI, HDMI, sechs Millisekunden Reaktionszeit und eine Auflösung von 2.560 mal

> Oft verstellen Gewohnheiten und Routinen den Blick auf die Vorteile, die Veränderungen mit sich bringen.

1.600 Pixeln. Das mögen gute Argumente sein, doch der Kunde versteht sie nicht – ihm sagt das alles nichts, und er erkennt daher auch nicht den Nutzen, den ihm dieser Monitor bringen würde. Warum also sollte er so viel Geld ausgeben, wo es doch Monitore gibt, die wesentlich weniger kosten? Also wird seine Entscheidung negativ ausfallen, und er wird das Gerät nicht kaufen.

Der klügere Verkäufer wird deshalb den Nutzen dieser Produktmerkmale hervorheben: „Mit seiner hohen Datenübertragungsrate verarbeitet der Monitor alle heute bekannten digitalen Videound Audioformate. Die extrem geringe Reaktionszeit führt ebenso wie die besonders hohe Auflösung zu einem extrem präzisen Bild mit einer optimalen Farbdarstellung." Und der Verkäufer könnte noch weiter gehen und die daraus resultierenden Vorteile gleich mit erwähnen: „Eine hohe Auflösung schont die Augen, wodurch der Anwender längere Zeit ohne Ermüdungserscheinungen, also besser und konzentrierter arbeiten kann."

In ähnlicher Weise lassen sich für wohl sämtliche Ideen und Vorschläge, die bei Vorträgen und Präsentationen erörtert werden, spezifische Vorteile finden. Vergessen Sie nicht, diesen Nutzen und die Vorteile für die Zuhörer ganz konkret zu benennen. Niemand wird einen Stuhl kaufen, weil er vier Beine hat (Merkmal), sondern weil man darauf sitzen kann (Nutzen).

6.3 Sich auf das Wesentliche beschränken

Vielfach geht es bei Auftritten um komplexe Zusammenhänge oder einschneidende Veränderungen. In diesen Fällen ist es natürlich Ihre Aufgabe, den Sachverhalt genau darzustellen und gleichzeitig die Vorteile herauszuarbeiten. Sie benötigen hier viel Fingerspitzengefühl, um Ihre Zuhörer nicht zu überfordern. Wer des Guten zu viel tut, erreicht oft nur das Gegenteil und irritiert seine Zuhörer mehr, statt sie zu überzeugen. Beschränken Sie sich daher auf das Wesentliche und verlieren Sie sich keinesfalls in unnötige Abschweifungen!

Kommunizieren Sie deshalb genau die Informationen und solche Vorteile, die für Ihre Zuhörer auch tatsächlich von Bedeutung sind. Kontraproduktiv sind alle Aussagen, die für Ihre Zuhörer:

- unbedeutend,
- uninteressant oder
- zu fachspezifisch sind.

Das ist nicht gleichbedeutend damit, dass die vorliegenden Informationen per se unbedeutend oder uninteressant oder zu fachspezifisch sind. Doch was zählt, ist die Perspektive Ihrer Zuhörer. Was aus der Sicht der Zuhörer keine Bedeutung hat, müssen Sie also auch nicht haarklein durchkauen. Fokussieren Sie sich stattdessen lieber auf die Aspekte, für die sich Ihr Publikum interessiert, und auf Punkte, die Ihre Zuhörer direkt betreffen. Wenn nötig, können Sie zusätzliche Informationen in aller Kürze abhandeln. Der Fokus des Auftritts sollte jedoch auf den Aspekten liegen, die aus der Sicht des Publikums die höchste Bedeutung haben. Sie haben dann die größten Erfolgsaussichten, eine Entscheidung herbeizuführen, wenn es Ihnen gelingt, die wesentlichen Punkte herauszuarbeiten und treffend zu formulieren, statt sämtliche Optionen bis ins Detail auszubreiten. Deshalb ist es meist erfolgversprechender, wenige und dafür tatsächlich relevante Optionen und Vorteile anzuführen statt möglichst viele Argumente, die für den Zuhörer unter Umständen jedoch gar nicht interessant sind.

7. | Wenn es um Veränderungs- prozesse geht

Mit Veränderungen tun sich fast alle Menschen schwer. Veränderungsprozesse erfolgreich umsetzen ist deshalb eine heikle Aufgabe. Die Betroffenen sträuben sich, protestieren schon rein prophylaktisch, sind voller Sorge und berufen sich darauf, dass bisher doch auch alles irgendwie funktioniert hat. Wer eine Veränderung durchsetzen will, stößt also schnell auf Widerstand und auf eine mangelnde Bereitschaft, sich dem Neuen zu öffnen. Das liegt einerseits in der Natur der Sache, weil kaum jemand Gewohnheiten gern fallen lässt. Andererseits begehen die für die Umsetzung der Veränderung Verantwortlichen oft den Fehler, zwar viel in Planung und Organisation zu investieren, jedoch zu wenig in eine angemessene Kommunikation.

> Immer wieder bestätigt sich, wie schwierig es in der Praxis ist, Veränderungsprozesse erfolgreich umzusetzen.

Das heißt, Veränderungsprozesse sind immer ein Grund, die Beteiligten im Rahmen eines Vortrags oder einer Präsentation nicht nur zu informieren – das Ziel wird außerdem sein, die Beteiligten mit ins Boot zu holen und erfolgreich in den Veränderungsprozess einzubeziehen. Das ist schon deshalb erforderlich, weil sich im Rahmen von Veränderungsprozessen unter den Betroffenen leicht eine negative Eigendynamik entwickelt. Nur mithilfe einer geschickten Kommunikation können Sie Ängsten, Widerständen und kursierenden Gerüchten entgegenwirken.

Wenn es in Ihrem Auftritt um Veränderungsprozesse geht, ist es natürlich erneut Ihre Aufgabe, die Beteiligten umfassend zu informieren. Wichtig ist jetzt allerdings vor allem, dass Sie auch auf die emotionale Seite von Veränderungsprozessen eingehen. Schließlich macht es einen enormen Unterschied, ob die Betroffenen die Veränderung aktiv begleiten und motiviert zur Lösung von Schwierigkeiten beitragen oder ob sie die Veränderung ablehnen und boykottieren. Es geht also letztlich darum, ob Sie auf Widerstand stoßen oder auf Unterstützung zählen können. Gerade weil Veränderungsprozesse immer auch mit Fragen und Unsicherheiten der Betroffenen einhergehen, reicht es nicht, die Zuhörer mit den rein sachlichen Informationen zu versorgen.

7.1 Bei jeder Veränderung sind Emotionen im Spiel

Wer von einem Veränderungsprozess betroffen ist, zeigt eine Vielzahl von Emotionen: Er macht sich Sorgen, hat persönliche Erwartungen oder ärgert sich über bestimmte Maßnahmen und wird von den Entwicklungen überrascht. Die Kommunikation ist ein wichtiges Instrument, um auf diese Emotionen einzugehen und sich damit auseinanderzusetzen. Das wiederum hilft dabei, etwaige Widerstände der Betroffenen gegen die geplanten Veränderungen ans Licht zu bringen und darauf zu reagieren. Und wo Emotionen im Spiel sind, ist die Spannbreite der möglichen Reaktionen groß. Ebenso ist das Ausmaß der Reaktionen schwer kalkulierbar. Manchmal können es auch die Randaspekte einer Veränderung sein, die unten den Betroffenen plötzlich hohe Wellen schlagen, während die ursprünglich als problematisch eingestuften Bereiche einfach hingenommen werden.

Das zeigt, dass Emotionen weitaus weniger berechenbar sind als rein sachliche Faktoren. Gerade viele Unternehmen haben damit bereits ihre leidlichen Erfahrungen gemacht. Bedenken Sie deshalb, dass es in (gerade größeren) Unternehmen erforderlich sein kann, die Inhalte eines Vortrags / einer Präsentation genau auf die jeweilige Zielgruppe abzustimmen – schließlich sind nicht alle in gleicher Weise und in gleichem Umfang von den Veränderungen betroffen.

Versuchen Sie, sich in die Perspektive Ihrer Zuhörer zu versetzen, und vergegenwärtigen Sie sich insbesondere deren Ängste und Befürchtungen. Klären Sie außerdem:

- Was genau soll kommuniziert werden?
- Was sind die größten Bedenken und Sorgen der Betroffenen?
- Welche Fragen werden sich die Betroffenen stellen, und wie kann ich diese Fragen umfassend beantworten?
- Wann ist der optimale Zeitpunkt für den Auftritt, und ist es erforderlich, dass weitere Veranstaltungen folgen?

Schon bei der Wahl des Zeitpunkts werden vielfach Fehler gemacht. Denn in etlichen Fällen werden Veränderungen erst dann öffentlich kommuniziert, wenn die Beteiligten bereits wissen oder ahnen, dass etwas im Busch ist. Das heißt: Die Gerüchteküche brodelt bereits, was meist dazu führt, dass die bei Veränderungen ohnehin vorhandene Skepsis noch zunimmt. Schieben Sie Informationsveranstaltungen also nicht auf die lange Bank. Gerade eine frühzeitige Ankündigung von Veränderungsprozessen trägt dazu bei, die Widerstände gering zu halten und die eigene Glaubwürdigkeit zu bewahren. Wenn die Betroffenen womöglich ohnehin schon längst Bescheid wissen, ist es absolut kontraproduktiv, weiter abzuwarten und das Offensichtliche zu verheimlichen.

Während meiner Trainerausbildung konnte ich einen solchen Veränderungsprozess (die Zusammenführung zweier mittlerer Unternehmen zu einem großen) einmal aus der Perspektive der Betroffenen miterleben. Ich war damals zwar nur Praktikant, hatte jedoch einen guten und intensiven Kontakt zu den Angestellten, sodass sie mir auch von ihren Sorgen und Ängsten angesichts der bevorstehenden Veränderungen erzählten. So erfuhr ich die vielfältigsten Befürchtungen. Thema war zum Beispiel die Sorge, dass der Konkurrenzkampf unter den Kollegen ansteigen könnte und dass sie selbst vielleicht nicht mehr mithalten könnten. Manche befürchteten (oder hofften!) auch, dass sich vielleicht das eigene Aufgabenfeld ändern würde, sodass sie mit neuen, unbekannten Aufgaben konfrontiert werden würden. Andere sahen schon das Damoklesschwert einer Entlassungswelle über sich schweben. Einige fragten sich, ob Finanzprobleme der Grund für den Zusammenschluss waren und ob die Firma vor dem Aus stünde. Eine Mitarbeiterin hatte gehört, wie unsympathisch und unkollegial die neuen Kolleginnen und Kollegen sein sollten. Und eine Sekretärin befürchtete, dass sie jetzt ihren Hund nicht mehr mit ins Büro nehmen dürfte. Viele machten sich auch Gedanken darüber, dass sie neue Vorgesetzte bekommen würden, mit denen sie sich dann erst einmal arrangieren müssten. Und auch die Frage, ob der Firmensitz verlegt und die Büroaufteilung verändert werden würde, beschäftigte die Kollegen sehr.

Ich konnte beobachten, dass sich die Gemüter an einigen Fragen sehr stark erhitzten. Und das waren häufig nicht einmal die „großen" Fragen, sondern Fragen, die eher Alltägliches betrafen. Zum Teil wurden im Kollegium wahre Horrorszenarien spekuliert, weil niemand so recht wusste, was die Mitarbeiter erwarten würde.

Ich selbst war von all dem nur wenig betroffen, da mein Praktikum befristet war. Doch für die meisten angestellten Mitarbeiter stellte dieser Prozess eine enorme Belastung dar. Für mich war damals schon offensichtlich, dass die Belegschaft nicht ausreichend über den Ablauf und die Folgen des Firmenzusammenschlusses informiert worden war. Viele der Ängste und Spekulationen waren unbegründet, was die Mitarbeiter jedoch nicht wussten, weil es ihnen niemand gesagt hatte.

7.2 Grundsätze für die Kommunikation bei Veränderungsprozessen

Ob eine Veränderung im privaten Bereich oder im Beruf ansteht, in allen Fällen sind die Betroffenen meist wenig begeistert – insbesondere dann nicht, wenn sie das Gefühl bekommen, dass über ihre Köpfe hinweg entschieden wird. Achten Sie deshalb bei Ihrem Auftritt besonders sorgfältig auf Ihre Worte und beachten Sie die folgenden Grundsätze.

> Wer die Hintergründe eines Veränderungsprozesses nicht kennt, wird auch kein Verständnis dafür aufbringen und die negativen Seiten in den Vordergrund stellen.

Informieren Sie rechtzeitig: Das wesentliche Ziel der Kommunikation ist es, dass die Betroffenen die Veränderungen mittragen, möglichst motiviert umsetzen und den Prozess keinesfalls boykottieren. Das werden Sie jedoch nur erreichen, wenn Sie alle Betroffenen frühzeitig in das Geschehen einbinden. Die Aufgabe besteht also auch darin, die Nachrichten frühzeitig zu kommunizieren und die Betroffenen rechtzeitig mit Informationen zu versorgen. Rechtzeitig heißt in allen Fällen: Bevor die ersten Informationen über die anstehende Veränderung durchgesickert sind und bei den Betroffenen Irritationen auslösen. Andernfalls riskieren Sie nicht nur einen Vertrauensverlust, sondern provozieren obendrein unnötige Widerstände. Wer nicht informiert wird, fühlt sich hintergangen und wird sich sicher kein positives Bild von der geplanten Veränderung machen. Und das ist keine gute Basis, um eine Veränderung erfolgreich umzusetzen. Zögern Sie es daher nicht unnötig heraus, die Betroffenen zu informieren und frühzeitig in den Prozess einzubinden.

Bleiben Sie bei den Fakten: Veränderungen werden von den Betroffenen nicht nur als unangenehm empfunden – zuweilen haben sie tatsächlich auch negative Seiten. So mancher scheut in diesen Fällen das offene Wort und neigt zu Beschönigungen der Sachlage – beides wird Ihnen nicht weiterhelfen, sondern nur zusätzliche Schwierigkeiten einbringen. Es wird nichts nützen, den Betroffenen wichtige Informationen zu verschweigen, da die Details früher oder später ohnehin bekannt werden. Negative Botschaften schönzureden, sie zu verschleiern oder gar falsche Hoffnungen zu wecken wird letztlich auf irgendjemanden zurückfallen. Derartige Verhaltensweisen machen die gesamte Angelegenheit für alle Beteiligen nur noch unangenehmer. Sprechen Sie während Ihres Auftritts daher auch unerfreuliche Dinge unverhohlen aus, informieren Sie über die geplanten Maßnahmen offen und wahrheitsgetreu. Achten Sie dabei jedoch darauf, die Situation nicht zusätzlich emotional aufzuheizen.

Denken Sie aus der Sicht der Betroffenen: Dass bei der Kommunikation von Veränderungsprozessen Einfühlungsvermögen gefragt ist, kann gar nicht oft genug wiederholt werden. Mit dem nötigen Fingerspitzengefühl tragen Sie dazu bei, dass die Emotionen nicht hochkochen – und das ist wichtig, damit der Umsetzung der Veränderung so wenig wie möglich im Wege steht. Versetzen Sie sich also in die Perspektive der Betroffenen und versuchen Sie nachzuvollziehen, wie Ihre Worte bei den Zuhörern ankommen. Provokative Härte, gar Vorwürfe und Schuldzuweisungen sind jetzt tabu. Ihre Aufgabe ist es vielmehr, Ihre Botschaften so konstruktiv wie möglich zu kommunizieren. Das heißt: Bleiben Sie sachlich, zeigen Sie jedoch, dass Sie die Gefühle der Betroffenen verstehen. Präsentieren Sie sich selbst ebenso einfühlsam wie sachlich. Das kann eine enorme Hilfe sein, um starke Emotionen bei den Betroffenen gar nicht erst aufkommen zu lassen. Zeigen Sie sich nachsichtig, falls Ihre Zuhörer dennoch emotional reagieren.

Sprechen Sie möglichst unmissverständlich: Gerade bei der Information über komplexe Vorgänge kommt es schnell zu Missverständnissen. Diese zu klären kostet Zeit und Energie. Achten Sie deshalb darauf, dass Sie Ihre Botschaften präzise und unmissverständlich kommunizieren, sodass möglichst kein Raum für Fehlinterpretationen oder Missverständnisse entsteht. Sprechen Sie eindeutig und konsequent und der Situation angemessen. Lassen Sie sich wichtige Informationen nicht erst aus der Nase ziehen – im Gegenteil: Verschweigen Sie nichts, was nicht unbedingt verschwiegen werden muss, und begründen Sie, warum welche Handlungen erforderlich sind und warum bestimmte Entscheidungen getroffen werden. Schweifen Sie dabei nicht vom Thema ab.

Mit der Wahl der richtigen Worte schaffen Sie Vertrauen für morgen und stärken nachhaltig Ihre eigene Glaubwürdigkeit. Das Wichtigste ist, dass die Betroffenen ehrlich und umfassend informiert werden. Denn wer die wahren Hintergründe nicht kennt, wird auch kein Verständnis aufbringen und sich deshalb auf die negative Seite fixieren. Die Chancen einer Veränderung und Optionen für positive Entwicklungen können nur erkannt werden, wenn Sie frühzeitig, wahrheitsgetreu, mit Fingerspitzengefühl und präzise informieren.

8. Das Publikum überzeugen

Ein Schlagwort, das beim Schreiben über öffentliche Auftritte vielfach verwendet wird – so auch in diesem Buch –, ist das Wort „überzeugen". Doch warum ist es überhaupt so wichtig, seine Zuhörer zu überzeugen? Ist es manchmal, vor allem in den oben genannten Fällen, wenn Entscheidungen herbeigeführt oder Veränderungsprozesse eingeleitet werden sollen, nicht besser – weil effektiver –, das Publikum einfach zu überreden oder mit ein paar rhetorisch-manipulativen „Tricks" gezielt zu beeinflussen?

8.1 Überzeugen oder überreden?

Die Antwort darauf ist ein ganz klares Nein. Nein, es ist nicht besser, die Zuhörer zu überreden oder zu manipulieren, und dafür gibt es mehrere gute Gründe: Der Versuch, andere zu überreden oder zu manipulieren, ist immer ein Ausdruck von Überheblichkeit und Desinteresse am anderen. Ein Vortragender mit dieser Einstellung zu seinem Publikum geht davon aus, dass seine Ansichten und Interessen wichtiger oder richtiger sind als die seiner Zuhörer und dass es darüber auch keiner Diskussion bedarf. Genau genommen geht es dann nur darum, den Zuhörenden klarzumachen, dass sie falsch liegen und man selbst richtig. Eine solche Herangehensweise an einen Auftritt zeigt ganz deutlich – und häufig auch für das Publikum wahrnehmbar –, dass es dem Vortragenden an persönlicher Wertschätzung für sein Publikum mangelt, ganz unabhängig davon, ob ihm das versehentlich unterläuft oder strategische Absicht ist.

Die Folgen sind häufig fatal: Das Publikum spürt diese Geringschätzung und wird sich demzufolge nicht gerade aufgeschlossen zeigen für die Ausführungen des Vortragenden. Meist entstehen

> Wer überredet (und nicht überzeugt) wurde, wird die kurzzeitig erzielten Ergebnisse schon bald wieder infrage stellen und nicht dauerhaft mittragen.

direkt Widerstände gegen das Gesagte, die sich zum Beispiel in offenem Widerspruch oder in anhaltender Skepsis und latenter Arbeitsverweigerung äußern. Das sind keine guten Voraussetzungen, um nachhaltige Ergebnisse zu erzielen. Weil die Betroffenen sich übergangen fühlen und sehen, dass ihre Ansichten und Interessen keine Bedeutung für die Sache haben, werden Entscheidungen oder Maßnahmen, die mithilfe von Überredungskunst und Manipulation erwirkt wurden, oft schon nach kurzer Zeit wieder infrage gestellt oder sogar boykottiert. Für die ursprüngliche Zielstellung des Auftritts – zum Beispiel Veränderungsprozesse oder Entscheidungen umzusetzen – ist das nichts weniger als das Todesurteil.

Darüber hinaus belastet eine solche Konstellation die Beziehung zwischen dem Vortragenden und seinem Publikum, was je nach Kontext weitere ungünstige Folgen haben kann. Hält zum Beispiel der Abteilungsleiter eine Präsentation, in der er seine Mitarbeiter nur durch einen manipulativen „Trick" dazu bringt, seinem Vorschlag für eine Entscheidung zuzustimmen, wird das der Beziehung zwischen den beiden Parteien sicherlich schaden. Der Abteilungsleiter hat Vertrauen verspielt und wird in Zukunft vermutlich auf deutlich mehr Misstrauen stoßen. Bei neuen Entscheidungen werden seine Mitarbeiter jetzt auf der Hut sein, um nicht noch einmal so übergangen zu werden. Und vielleicht überlegen sie auch schon, bei welcher Gelegenheit sie sich einmal für diese Manipulation revanchieren können.

Es spricht also vieles dagegen, sein Publikum zu manipulieren oder zu überreden. Die Alternative dazu, das Überzeugen, verspricht hingegen nachhaltige Erfolge: Die wertschätzende Einstellung zum Publikum ändert die Lage grundlegend. Bezieht der Vortragende die Interessen, Ansichten und Fragen der Zuhörenden mit ein, wird deren Position nicht einfach negiert, sondern erfährt die notwendige Wertschätzung und Aufmerksamkeit. Die Argumentation erfolgt auf Augenhöhe, und weil die Positionen aller beteiligten Parteien in die Argumentation Eingang gefunden haben, können tragfähige Ergebnisse und Entscheidungen zustande kommen. Überzeugte Zuhörer haben (wenigstens indirekt) an den getroffenen Entscheidungen mitgewirkt und werden sich auch an deren Umsetzung engagierter beteiligen als Zuhörer, über deren Kopf hinweg entschieden wurde. Die persönliche Wertschätzung des Publikums wirkt sich zudem direkt und in positiver Weise auf die Beziehungsebene zwischen Vortragendem und Zuhörern aus, was weitere positive Effekte hat für das zukünftige (berufliche) Miteinander.

> Wer sein Publikum mit einer gezielten Argumentation überzeugt, kann auch auf lange Sicht tragfähige Ergebnisse erzielen.

Der Frage, *wie* Sie Ihr Publikum überzeugen, gehen wir in den folgenden Kapiteln im Detail nach. Eine wichtige Voraussetzung sei aber hier schon vorab genannt: Wer andere überzeugen will, muss selbst überzeugt sein. Egal, ob Vortrag, Referat, Rede oder Präsentation – ist der Vortragende selbst nicht überzeugt von dem, was er vermitteln will, wird es ihm kaum gelingen, sein Publikum nachhaltig zu überzeugen. Sind beispielsweise die dargestellten Informationen nicht hieb- und stichfest, wird es dem Vortragenden schwerfallen, diese Informationen vorbehaltlos zu vertreten und als starke Argumente einzusetzen. Auch wird es einem Auftritt mit Sicherheit an Überzeugungskraft fehlen, wenn der Vortragende selbst nicht hundertprozentig hinter einer Entscheidung oder einem notwendigen Veränderungsprozess steht. Deshalb ist es wichtig, sich bei der Konzeptionierung des Auftritts etwaige Zweifel bewusst zu machen und alle Zweifel aus dem Weg zu räumen. Im schlimmsten Fall – wenn sich die Zweifel als berechtigt herausstellen – muss unter Umständen sogar die Zielstellung des Auftritts verändert werden.

8.2 Inhalt und Person überzeugen gemeinsam

Hierbei tritt eine Besonderheit des öffentlichen Auftritts zutage, die uns im Weiteren noch öfter beschäftigen wird: Bei einem Auftritt geht es immer um beides, um die transportierten Inhalte und um die vortragende Person. Und beide müssen das Publikum überzeugen. Fehlt es den Inhalten an Überzeugungskraft, wird auch ein brillanter Redner nur in den seltensten Fällen Begeisterungsstürme auslösen können (oder zumindest im Nachhinein einen faden Geschmack hinterlassen). Und andersherum ist ein schlechter Präsentator sehr wohl in der Lage, ein hoch spannendes und überaus relevantes Thema in den Orkus der Langeweile und Bedeutungslosigkeit zu verbannen. Doch wenn Inhalt und Person gemeinsam überzeugen können, dann befruchten sie sich gegenseitig. Starke Argumente gewinnen durch eine überzeugende Persönlichkeit an Gewicht; und eine überzeugende Persönlichkeit steigert ihre positive Wirkung, wenn sie mit schlüssigen Inhalten punkten kann. Und das gilt für alle Arten von Auftritt, vom improvisierten Toast auf das frisch vermählte Brautpaar über die Präsentation der zurückliegenden Quartalsentwicklung im Kollegenkreis bis zur prominenten Rede vor tausend Zuschauern im Saal plus Fernsehpublikum.

Deshalb wird es in den folgenden Kapiteln ausführlich um beide Aspekte gehen: um Souveränität, Glaubwürdigkeit und Charisma auf der einen Seite und um Argumente, Sprache und Visualisierungen auf der anderen.

Dass Inhalt und Person gemeinsam überzeugen müssen, bedeutet jedoch nicht, dass man für einen gelungenen Auftritt zwangsläufig eine besonders extrovertierte Persönlichkeit braucht. Interessanterweise verfügen viele Menschen, die eher introvertiert sind, über Qualitäten, die einem Auftritt besondere Überzeugungskraft verleihen können.

8.3 Auch die „leisen" Töne können überzeugen

Menschen, denen es nicht so liegt, sich offensiv in Szene zu setzen, scheuen sich naturgemäß oft auch vor öffentlichen Auftritten. Dabei ist ein vorbereiteter Auftritt gerade für Menschen der leisen Töne eine sehr gute Möglichkeit, Aufmerksamkeit zu erzeugen und ihre Stärken einzubringen, ohne sich lautstark bemerkbar machen zu müssen. Die Position des Vortragenden sorgt ja bereits für viel Aufmerksamkeit, und es gibt normalerweise auch keine – extrovertierten, „lauten" – Mitredner, die das Interesse auf sich ziehen könnten. Außerdem kann man als Vortragender selbst die Regeln für Wortbeiträge aus dem Publikum aufstellen.

Doch nicht nur die Rahmenbedingungen eines vorbereiteten Auftritts kommen introvertierten Menschen entgegen. Sie können hier oft auch einige ihrer besonderen Stärken zum Einsatz bringen. So ist vielen introvertierten Menschen zu eigen, dass sie nur das Wort ergreifen, wenn sie wirklich etwas zu sagen haben. Reden, bloß um zu reden, ist nicht ihre Sache. Ihre Beiträge sollen Substanz und inhaltliche Überzeugungskraft aufweisen. Außerdem denken sie gern gründlich darüber nach, was sie sagen wollen und wie sie andere überzeugen können. Sie setzen lieber auf Fakten und Argumente statt auf lautstark vertretene Behauptungen und entwickeln lieber eine durchdachte Strategie, anstatt viel Wind zu machen. – Das alles spricht für einen guten und überzeugenden Auftritt und gleicht etwaige Defizite bei den „Showqualitäten" aus. Insofern ist die vorangestellte Annahme, dass öffentliche Auftritte nicht so richtig zu introvertierten Menschen passen, eher unzutreffend. Man könnte stattdessen sogar sagen, dass leise Menschen in hohem Maße prädestiniert sind, vorbereitete Reden, Vorträge oder Präsentationen zu halten. Schließlich bieten sie ihnen die besseren Möglichkeiten,

> Auch wenn oft das Gegenteil angenommen wird: Gerade die etwas introvertierteren Menschen sind in vielen Fällen besonders gut in der Lage, ihre Zuhörer zu überzeugen.

um die eigenen Qualitäten ins öffentliche Blickfeld zu rücken, als beispielsweise eine Diskussionsrunde, in der sie meist den „lauten" Mitmenschen oder Kollegen den Vortritt lassen.

Ein öffentlicher Auftritt ist daher gerade für „leise" Menschen cine gute Gelegenheit, mit ihrem Wissen und Können zu überzeugen, Einfluss auf andere zu nehmen, ein bisschen Selbst-PR zu betreiben und die eigene Sichtbarkeit, zum Beispiel als Experte in ihrem Fachgebiet, zu erhöhen.

Doch egal, ob leise, laut oder eher moderat – bei einem Auftritt steht der Vortragende im Zentrum der Aufmerksamkeit. Deshalb kommt es für ihn darauf an, das Publikum persönlich als Mensch zu überzeugen. Warum das wichtig ist und wie das gelingt, darum geht es im folgenden Kapitel.

9. | Als Mensch beim Publikum punkten

Der entscheidende Vorteil eines persönlichen Auftritts beispielsweise gegenüber einer schriftlichen Darstellung der Inhalte liegt in dem Faktor Mensch. Denn Menschen – so auch das Publikum – interessieren sich vor allem für Menschen. Und das kann sich jeder Vortragende zunutze machen und seinem Auftritt durch seine Persönlichkeit Leben einhauchen und Individualität verleihen.

Fehlt einem Auftritt die persönliche Note, wird es schnell beliebig, da die blanken Fakten auch von irgendjemand anderem oder eben auch einfach schriftlich präsentiert werden könnten. Für das Publikum fehlt dann der zwischenmenschliche Anknüpfungspunkt, der die Sache interessant macht. Der Auftritt bleibt in solchen Fällen meistens etwas flach und fade, auch wenn die Fakten stichhaltig sind.

> Auftritte leben von der Interaktion von Mensch zu Mensch. Deshalb ist es letztlich die Persönlichkeit des Auftretenden, die überzeugt – oder eben nicht.

Wenn jedoch der eigene Standpunkt des Vortragenden deutlich wird und durch den Auftritt auch einige seiner persönlichen Facetten erkennbar werden, gewinnt der Auftritt an Verbindlichkeit und damit an Überzeugungskraft. Der Vortrag, die Rede oder die Präsentation wird für das Publikum deutlich interessanter, und auch der Vortragende selbst kann sich eindrücklich präsentieren. Das ist vor allem hinsichtlich der Selbst-PR, die wie oben bereits beschrieben immer Bestandteil eines öffentlichen Auftritts ist, von großer Bedeutung. Selbst-PR kann natürlich nur gelingen, wenn das Selbst auch sichtbar wird. Versteckt es sich hinter Fakten und PowerPoint-Folien, wird der Auftritt keinen Effekt für das Selbstmarketing haben.

Die eigene Persönlichkeit bei einem Auftritt zur Geltung zu bringen kann allerdings nur gelingen, wenn der Vortragende sich nicht verstellt. Authentizität ist eine grundlegende Voraussetzung, um als Persönlichkeit zu punkten. Der Anspruch der Authentizität erstreckt sich dabei sowohl auf die Inhalte als auch auf die Form der Darstellung und das eigene Auftreten.

9.1 ... mit Inhalten, von denen man selbst überzeugt ist

Bezogen auf die Inhalte bedeutet das, dass es immer von größtem Vorteil ist, wenn der Vortragende tatsächlich hinter dem steht, was er vermitteln will. Im besten Fall wird er sich also sicher sein, dass seine Fakten stimmen, er wird ehrlich überzeugt sein davon, dass die zu vermittelnden Entscheidungen oder Veränderungen notwendig und richtig sind, und er wird von seinen Botschaften, für die er Begeisterung wecken will, selbst begeistert sein. Und das gilt für den beruflichen oder universitären Kontext genauso wie für private Anlässe. Eine liebevolle Grußrede anlässlich des achtzigsten Geburtstags der Großtante wird ihre Wirkung mit Sicherheit verfehlen, wenn der Redner in Wirklichkeit schon lange im Streit liegt mit der Jubilarin. Da wäre es dann sicher empfehlenswert, jemand anderen zu bitten, diese Rede zu halten. Ähnliches würde beispielsweise auch für einen Abteilungsleiter gelten, der Umstrukturierungsmaßnahmen in seiner Abteilung präsentieren soll, die er selbst für falsch oder für überflüssig hält. Es ist kaum vorstellbar, dass er seine Mitarbeiter nachhaltig von den Maßnahmen überzeugen und sie für die Umsetzung motivieren kann. (Hier wäre der Geschäftsführung dringend zu raten, diese Meinungsverschiedenheiten möglichst zu klären und zu einer Lösung zu kommen, von der alle Parteien überzeugt sind. Schließlich stehen die Zweifel des Abteilungsleiters nicht nur der überzeugenden Präsentation, sondern auch der reibungslosen Umsetzung der Maßnahmen im Wege.)

Eine authentische Einstellung zu den Inhalten, die mit dem Auftritt vermittelt werden sollen, ist also unverzichtbar, um als Person zu überzeugen. Denn nur so kann Glaubwürdigkeit entstehen. Zweifelhafte Behauptungen und halbherzige Botschaften, an die man selbst nicht richtig glaubt, beeinträchtigen die Wirkung eines Auftritts oder verkehren sie unter Umständen sogar ins Gegenteil. Außerdem macht der Vortragende sich damit angreifbar und diskreditiert letztlich auch all seine anderen Aussagen. Im Gegensatz dazu bekommt ein Auftritt eine ganz besondere Energie, wenn man ein Anliegen vertritt, das einem wirklich am Herzen liegt. Und diese positive Energie wird sich auch auf das Publikum übertragen.

9.2 ... mit einem Auftritt, der zur eigenen Persönlichkeit passt

Doch nicht nur die Inhalte, sondern auch die Form des Auftritts sollte zur eigenen Persönlichkeit passen. Sich stattdessen in eine Form hineinzuzwängen, die einem nicht liegt, führt meistens nicht zum Erfolg. Wer mit der Technik auf Kriegsfuß steht und sich selbst vor Aufregung gern mal aus dem Konzept bringt, sollte auf eine komplexe Multi-Media-Präsentation vielleicht eher verzichten und lieber auf eine geradlinige Form mit Manuskript und Flipchart zurückgreifen. Und wer eine gute Vorbereitung braucht, um sicher vor anderen reden zu können, braucht sich auch nicht unbedingt für eine Stegreifrede zu entscheiden. Ist man hingegen ein Vortragender, der sich gern und viel auf dem Podium bewegt und Sachverhalte lebhaft mit Requisiten oder Grafiken veranschaulicht, wird man bei einer steifen Rede hinter dem Stehpult vermutlich auch keine Glanzleistung abliefern.

Besser ist es also, eine Form zu wählen, die einem selbst liegt und in der man sich frei entfalten kann. Schließlich kommt die eigene Persönlichkeit am besten zur Geltung, wenn man ihr freien Lauf lassen kann und sie nicht hinter einer Form, die ihr widerstrebt, verstecken muss. Wem der gewählte Auftritt liegt, der muss sich nicht verbiegen und kann seine Stärken einbringen, anstatt über seine Schwächen zu straucheln. Der Auftritt und die Person, die ihn absolviert, ergeben so ein stimmiges Gesamtbild, was auch das Publikum positiv wahrnehmen wird.

Bei einer Speakerkonferenz konnten einmal rund 200 Zuschauer (darunter auch ich selbst) beobachten, wie es aussieht, wenn sich im Laufe eines Auftritts die Persönlichkeit des Vortragenden gegen die gewählte Form des Auftritts durchsetzt. Das war durchaus amüsant, vom Vortragenden und von den Veranstaltern jedoch wohl kaum so geplant. Angesetzt war ein kurzer, schlichter Vortrag ohne viel Drumherum. Den Speaker kannte ich schon von früheren Veranstaltungen. Und ich war etwas überrascht, weil ich von ihm ansonsten immer überaus lebhafte Präsentationen mit Requisiten, Vorführungen, aufregenden Projektionen und gern auch mit Publikumsbeteiligung gesehen hatte. Doch dieses Mal trat er tatsächlich nur mit einem Manuskript und einem Kugelschreiber in der Hand auf das Podium. Sein Vortrag begann auch wie ein kurzer, schlichter Vortrag und versprach, etwas langweilig zu werden. Doch schon nach etwa zwei Minuten konnte man eine gewisse Unruhe beim Vortragenden beobachten. Er trat immer öfter neben oder vor das Rednerpult und begann, seine Ausführungen mit immer größer werdenden Gesten zu illustrieren. Weitere zwei Minuten später benutzte er schon die Blätter seines Manuskripts und einen von einem Zuhörer geborgten Filzstift, um Dinge zu veranschaulichen, malte mit groben Strichen große Symbole und Zahlen auf die Rückseite der Blätter. Mit weit ausholenden Schritten ging er mit jeweils verschiedenen Blättern abwechselnd nach links und rechts, um die unterschiedlichen argumentativen Positionen deutlicher zu machen. Nach und nach nahm er die gesamte Bühne in Beschlag, das Rednerpult diente längst nur noch zur Ablage seiner Blätter. Auf dem Höhepunkt besorgte er sich aus dem Publikum noch einige Requisiten, die er brauchte: einen Schal, einen Koffer, ein Buch, zwei Handys. Mit diesen Requisiten und seinen Manuskriptblättern baute er auf der Bühne ein komplexes „Organigramm" auf, inzwischen quasi im Laufschritt. Am Ende stand er inmitten seiner „Installation", ein wenig aus der Puste und mit einem

Strahlen im Gesicht, das jeden Zuhörer bezauberte. – Das Publikum war absolut hingerissen. So auch ich. Doch klar war auch: Ein kurzer, schlichter Vortrag ohne viel Drumherum war nichts für diesen Speaker.

9.3 ... mit einem persönlichen Auftreten, das authentisch bleibt

Das Gleiche gilt letztlich auch für das persönliche Auftreten, also beispielsweise für die Wahl der Kleidung oder die (Körper-)Sprache. Auch ist es wichtig, seine Persönlichkeit nicht hinter einer Maskerade zu verstecken, sondern authentisch zu bleiben. Da die Gepflogenheiten hinsichtlich der Kleiderwahl ohnehin viel lockerer geworden sind, muss sich ein Vortragender hier nicht mehr lange den Kopf zerbrechen. Die Sache ist ganz einfach: Die passende Kleidung ist angemessen und gepflegt, und der Vortragende sollte sich darin wohlfühlen. Viel mehr gibt es gar nicht zu beachten.

Die beim Auftritt verwendete Sprache sollte ebenfalls in erster Linie angemessen sein und dem Vortragenden leicht über die Lippen gehen. Viele Vortragende versuchen jedoch, ihre Seriosität und Kompetenz mit einem besonders ausgefeilten Sprachstil und einem sehr anspruchsvollen Vokabular zu unterstreichen. Damit erhöhen sie einerseits selbst den Schwierigkeitsgrad des Vortrags oder der Rede, weil sie eine Sprache verwenden, die ihnen im Alltag fremd ist. Andererseits verhindern sie damit, dass ihre echte Persönlichkeit zum Ausdruck kommt, was die Überzeugungskraft ihres Auftritts schmälern kann. Um authentisch zu bleiben und ungehemmt sprechen zu können empfiehlt es sich daher, auch für einen öffentlichen Auftritt einen vertrauten Sprachstil und geläufige Vokabeln zu wählen. Häufig zeigt sich dabei übrigens, dass man auch sehr komplizierte Sachverhalte oder Zusammenhänge mit alltäglichen sprachlichen Mitteln sehr gut und verständlich erklären kann. Und eine souverän eingesetzte (einfache) Sprache wirkt letztlich auch kompetenter als eine Sprache, bei der sich der Vortragende wiederholt verhaspelt oder ins Stocken gerät, weil sie ihm fremd ist.

Ganz ähnlich verhält es sich mit der Körpersprache: Auch hier kommt es vor allem darauf an, sich wohlzufühlen, um locker, gelöst und authentisch auftreten zu können. Wer sich künstliche Gesten oder eine unnatürliche Körperhaltung antrainiert, wirkt in seinem Auftreten schnell verkrampft und unecht, was die Gesamtwirkung eines Auftritts durchaus beeinträchtigen kann. So wirkt es meist gestelzt oder sogar lächerlich, wenn jemand, dem die weit ausholenden Gesten und die extremen Gesichtsausdrücke gar nicht liegen, dennoch versucht, damit bei einem Auftritt Eindruck zu schinden. Und auch andersherum stört das angestrengte Unterdrücken von Gesten oder Gesichtsausdrücken, die man üblicherweise macht, den stimmigen und souveränen Eindruck eines Auftritts.

> Wer vor Publikum auftritt, ist leicht geneigt, in eine Art Schauspielerrolle zu schlüpfen. Das ist nicht nur unnötig, sondern kontraproduktiv: Was beim Publikum ankommt, sind unverfälschte Persönlichkeiten.

Das bedeutet nun nicht, dass die eigene Körpersprache nicht verbesserungsfähig wäre und nicht auch gezielt eingesetzt werden könnte. Doch bei einem guten Körpersprachetraining wird darauf geachtet, dass die Veränderungen behutsam und individuell vorgenommen werden, um so die Authentizität zu wahren. Schließlich sollen die Veränderungen nichts Fremdartiges bleiben, sondern verinnerlicht werden. Und das geht eben nur, wenn sie zur Persönlichkeit passen.

Ebenso wenig ist unter Authentizität zu verstehen, den Auftritt dem Zufall zu überlassen und sich mit seiner Inszenierung nicht weiter zu befassen. Ein Auftritt darf sehr wohl inszeniert sein, und zwar in dem Sinne, dass er eine durchdachte Struktur und eine sinnvolle Dramaturgie erhält und die verwendeten Mittel bewusst eingesetzt werden. Das Inszenieren sollte nur nicht so weit gehen, dass der Vortragende sich selbst verstellt und dabei letztlich als Mensch unsichtbar wird.

9.4 ... mit einem Blick, der sich fürs Publikum öffnet

Um bei einem Auftritt als Mensch zu punkten, ist es außerdem wichtig, auch die Menschen im Publikum wahrzunehmen und die Beziehung zwischen Vortragendem und Zuhörenden zu berücksichtigen. Das gelingt nur dem, der weiß, wer seine Zuhörer sind und warum sie sich den Auftritt ansehen. Sind die Kollegen zum Beispiel freiwillig bei einer Präsentation, oder hat ein Vorgesetzter veranlasst, dass sie sich die Präsentation ansehen? Was will das Publikum erfahren und was erwartet es vom Vortragenden? Sind die Zuhörenden Fachleute oder Laien? Wichtig ist auch, sich bewusst zu machen, in welcher Beziehung Publikum und Vortragender zueinander stehen. Kennen sich Vortragender und Publikum bereits oder sind sie sich bisher noch nie begegnet? Oder gibt es beispielsweise berufsbedingte hierarchische Unterschiede (in beide Richtungen), oder besteht vielleicht Konkurrenz untereinander? Fragen dieser Art helfen jedem Vortragenden, sich vor Augen zu führen, mit wem er es im Publikum konkret zu tun hat, und seinen Auftritt darauf abzustimmen. Damit kann er deutlich machen, dass er auf die Zuhörenden individuell eingeht und sie nicht als anonyme Masse betrachtet. Das fördert den Kontakt zum Publikum und macht es für den Vortragenden leichter, auch seine Persönlichkeit zu präsentieren und bei seinem Auftritt als Mensch zu überzeugen.

10. | Souverän vor Publikum auftreten

Die vorangegangenen Kapitel haben sich wichtigen Aspekten und Voraussetzungen gewidmet, die einen Auftritt und die Wirkung des Vortragenden beeinflussen. Doch häufig gibt es noch etwas, das seine – zum Teil äußert destruktive – Wirkung entfaltet, lange bevor all diese Aspekte zum Tragen kommen können: das Lampenfieber.

Die diffuse und dennoch starke Kraft des Lampenfiebers führt in nicht wenigen Fällen dazu, dass Gelegenheiten für einen überzeugenden und wirkungsvollen Auftritt gar nicht erst wahrgenommen werden. Stattdessen vermeiden viele Menschen einfach, öffentlich aufzutreten, und vergeben dadurch die Chance, von den Vorteilen und Möglichkeiten eines gelungenen Auftritts zu profitieren und sich selbst positiv zu präsentieren.

> Wer öffentliche Auftritte aus Angst vermeidet, hat keine Möglichkeit, seine Angst vor öffentlichen Auftritten und das Lampenfieber zu überwinden.

Darüber hinaus haben „Auftrittsvermeider" keine Möglichkeit, ihre Angst vor öffentlichen Auftritten sowie das Lampenfieber zu überwinden. Denn Lampenfieber verschwindet leider nicht davon, dass man öffentliche Auftritte vermeidet. Das Gegenteil ist der Fall: Wer Lampenfieber in den Griff bekommen will, kommt nicht daran vorbei, Routine im öffentlichen Auftreten zu entwickeln. Und das geht selbstverständlich nur, wenn man Auftrittssituationen regelrecht sucht und Gelegenheiten, in der Öffentlichkeit zu sprechen, auch tatsächlich ergreift. Das ist eine Grundvoraussetzung dafür, dass nach und nach mehr Selbstsicherheit entstehen kann und die negativen Begleiterscheinungen des Lampenfiebers mit der Zeit zurückgehen.

10.1 Sich vom Lampenfieber nicht ausbremsen lassen

Eine entscheidende Maßnahme bei der Bewältigung des Lampenfiebers besteht also darin, die eigene Vermeidungsstrategie zu beenden. Das ist leicht gesagt, doch natürlich nicht leicht getan. Es gehört eine gute Portion Willenskraft dazu, sich seinen Ängsten zu stellen und konkrete Maßnahmen zu deren Überwindung zu ergreifen. Doch es ist schon ein wichtiger Schritt getan, wenn das Problem nicht länger ignoriert und verdrängt wird.

Dabei ist es durchaus sinnvoll, nicht direkt ins kalte Wasser zu springen, sondern zunächst die Lage zu reflektieren und sich mit den eigenen Ängsten und ihren Ursachen auseinanderzusetzen. Eine erste wichtige Frage lautet: Was ist überhaupt mein Problem bei einem öffentlichen Auftritt? – Die Antwort der meisten Menschen darauf lautet, dass sie Angst haben, sich zu blamieren, einen folgenreichen Fehler zu machen, zu versagen oder beim Publikum auf Ablehnung zu stoßen. Doch diese Antworten sind recht allgemein formuliert. Hilfreicher ist es, möglichst konkret zu benennen, wovor man Angst hat, zum Beispiel:

- „Ich habe Angst davor, dass ich fachliche Fehler in meiner Präsentation habe, die mich angreifbar machen und meinen Expertenstatus im Kollegenkreis infrage stellen."
- „Ich habe Angst davor, dass ich mich aufgrund meiner Nervosität verhasple und den Faden verliere und dass sich die Zuhörer über mich lustig machen."
- „Ich habe Angst davor, dass die Technik während meiner Präsentation versagt, sodass ich improvisieren muss und dabei Wichtiges vergesse, was mir mein Chef später vorhalten kann."
- „Ich habe Angst davor, das Publikum von meinem Anliegen nicht überzeugen zu können, wenn ich rhetorisch nicht perfekt bin."

- „Ich habe Angst davor, mich vor Aufregung total zappelig auf der Bühne zu bewegen und einen sehr unsicheren Eindruck zu machen – genauso wie bei meinem letzten Auftritt."
- „Ich habe Angst davor, dass das Publikum mein Anliegen und auch mich selbst ablehnt."
- „Ich habe Angst davor, dass die Zuhörer meinen Beitrag langweilig finden."
- „Ich habe Angst davor, dass alle im Publikum sehen können, dass ich vor Aufregung ins Schwitzen gerate und total verkrampft bin."
- „Ich habe Angst davor, dass ich Zwischenfragen aus dem Publikum nicht beantworten kann."

Je konkreter die Ängste formuliert sind, umso besser lässt sich entscheiden, was man gegen das Lampenfieber tun kann. Deshalb ist es wichtig, so genau wie möglich zu ergründen, was das Problem ist. Wer mit dem Ergründen und dem konkreten Benennen Schwierigkeiten hat, kann sich die Auftrittssituation möglichst anschaulich vor Augen führen und sich ganz bewusst in die Situation hineinversetzen. Dazu kann man sich zum Beispiel vorstellen, wie die Bühne aussieht, wo man auf der Bühne stehen wird, wie das Publikum vor einem sitzt, wie das Licht im Saal ist, wo der Computer steht, wo die Leinwand für die Projektionen hängt, welche Kleidung man trägt, welche Tageszeit gerade ist, wie lang der Auftritt dauern wird und so weiter und so fort – je detaillierter, umso anschaulicher. Und umso deutlicher werden sich die Gefühle und Ängste zeigen, die beim Auftritt entstehen können.

Das wirksamste Mittel gegen Lampenfieber ist und bleibt eine gute Vorbereitung. Viele angstauslösende Faktoren lassen sich damit bereits im Vorfeld unter Kontrolle bringen. Wer sich sicher ist, dass seine präsentierten Informationen und Argumente vollständig, korrekt und stichhaltig sind und dass er sich auf dem Gebiet des Vortrags gut auskennt, kann deutlich selbstsicherer auftreten als jemand, der sich nicht hundertprozentig vorbereitet hat und befürchten muss, bei einer Wissenslücke oder mit einem schwachen Argument ertappt zu werden. Doch die Informationen und Argumente sind natürlich nicht das Einzige, was gut vorbereitet sein will. Folgende Aspekte sind bei der Vorbereitung zu berücksichtigen, um größtmögliche Selbstsicherheit für den Auftritt zu erlangen:

- **Das Publikum:** Ein guter Auftritt ist abgestimmt auf die Zuhörer und auf deren Erwartungen und Wissensstand. Je genauer ein Vortragender weiß, wer seine Zuhörer sein werden und was ihn erwartet, umso einfacher wird es ihm fallen, souverän vor das Publikum zu treten. Zur Vorbereitung gehört daher auch, Informationen über die Zuhörer einzuholen und zu berücksichtigen.

- **Die Räumlichkeiten:** Den Raum zu kennen, in dem der Auftritt stattfindet, kann ebenfalls für mehr Selbstsicherheit sorgen. Wer die Möglichkeit hat, sich vor seinem Auftritt mit den Räumlichkeiten vertraut zu machen, sollte diese Gelegenheit unbedingt nutzen.

- **Die Inhalte:** Wie bereits gesagt, ist es unerlässlich, dass die vermittelten Informationen und Argumente richtig, vollständig und überzeugend sind. Recherche, Auswertung, Zusammenstellung und Aufbereitung der zu vermittelnden Inhalte stehen deshalb im Zentrum der Vorbereitung.

- **Die Botschaften:** Wichtig ist es auch, die eigenen Botschaften klar und deutlich benennen zu können. Wer hier schwammig bleibt, gerät schnell ins Schlingern.

- **Die Hilfsmittel:** Eine gründliche Vorbereitung im Umgang mit visuellen und technischen Hilfsmitteln ist zwingend erforderlich, damit sie dem Vortragenden wirklich eine Hilfe sind und nicht zur Stolperfalle werden. Dazu gehört, dass:
  - die visualisierten Inhalte korrekt sind, fehlerfrei (ohne Tippfehler etc.) dargestellt werden und vom Publikum gut erfasst und gelesen werden können;

- die eingesetzten Requisiten oder Anschauungsobjekte vom Vortragenden gut zu handhaben und für das Publikum gut erkennbar sind;
- die technischen Abläufe reibungslos funktionieren und
- die technischen Geräte zuverlässig funktionieren und einsatzbereit sind (Akku aufgeladen, alle notwendigen Kabel und Anschlüsse vorhanden etc.).

Beim Einsatz von Visualisierungen und Technik kann es in bestimmten Fällen (zum Beispiel bei sehr aufwändigen oder sehr wichtigen Auftritten) auch sinnvoll sein, im Vorfeld einmal ein Worst-Case-Szenario durchzuspielen, bei dem die Technik komplett versagt. So hat man eine „Notvariante" ohne Hilfsmittel parat und ist für den Fall der Fälle gewappnet.

■ **Die Fragen der anderen:** Zwischenfragen oder eine anschließende Fragerunde sind üblicher Bestandteil von Präsentationen, Referaten oder Vorträgen. In der Vorbereitung sollten die zu erwartenden Fragen antizipiert und schon einmal vollständig beantwortet werden. Das mildert die Sorge vor schwierigen Fragen und gibt zusätzlich Sicherheit.

■ **Der Einstieg und der Schluss:** Für lampenfiebergeplagte Vortragende empfiehlt es sich, für den Einstieg ein Handvoll auswendig gelernte Sätze vorzubereiten. So lassen sich anfängliche Unsicherheiten gut in den Griff bekommen, und man startet souverän und ohne Gefahr, sich zu verhaspeln. Gleiches gilt auch für das Ende des Auftritts, mit dem man auf diese Weise einen prägnanten Schlusspunkt setzen kann.

■ **Üben, üben, üben:** Es ist ein alter Hut und dennoch zweifelsohne einer der entscheidenden Ratschläge: Übung macht den Meister. Wer selbstsicherer auftreten, Routine entwickeln und Lampenfieber überwinden will, muss seinen Auftritt vor Testpublikum üben, üben, üben.

Ich habe bei einer Konferenz einmal einen Speaker erlebt, der mich positiv überrascht hat: Wie bei Konferenzen üblich, waren die Vorträge und Präsentationen sehr eng getaktet, sodass der Vortragende seine Vorbereitung auf der Bühne unter den Augen des bereits anwesenden Publikums vornehmen musste. Damit hatte der besagte Redner ganz offensichtlich gerechnet, denn er hatte sich sowohl für den Mikrofontest als auch für den Projektortest etwas Unterhaltsames zurechtgelegt. Statt des üblichen „Test, Test. Eins, zwei, drei." rezitierte er beim Soundcheck ein paar Zeilen aus Wilhelm Buschs „Max und Moritz", die im weitesten Sinne auch noch mit seinem Vortragsthema zu tun hatten. Und für den Test der Projektionen hatte er drei spezielle Folien mit Illustrationen vorbereitet. Auf der ersten war ein hektisch hantierender und schwitzender Speaker zu sehen, der gerade dabei war, sich selbst mit Mikrofon- und Computerkabel in Bedrängnis zu bringen. Auf der zweiten sah man einen sehr cool daherkommenden Techniker, der langsam auf die Bühne trat, um den Speaker zu retten. Und auf der dritten stand der etwas zerzauste, inzwischen jedoch einigermaßen aufgeräumte Redner an seinem Platz und blickte erwartungsfroh ins Publikum, bereit, seinen Vortrag zu halten. – Man kann sich vorstellen, dass dieser Speaker das Publikum schon auf seiner Seite hatte, noch bevor er mit seinem Vortrag überhaupt angefangen hatte.

Mit einer gründlichen Vorbereitung legen Sie die Basis für einen souveränen Auftritt, bei dem das Lampenfieber nicht überhandnimmt. Von dieser Basis ausgehend ist es wichtig, am Tag des Auftritts sowie direkt vor dem Auftritt Stress zu vermeiden, denn dieser verstärkt Lampenfieber. Stress zu vermeiden beginnt bereits damit, die Vorbereitung nicht auf den letzten Drücker zu erledigen, sondern rechtzeitig zu beenden, das heißt möglichst einen Tag vor dem Auftritt selbst. So kann sich das Ganze etwas „setzen", und am Tag des Auftritts entsteht kein Druck durch Aufgaben, die vor dem Startschuss unbedingt noch erledigt werden müssen.

Für den Tag selbst ist eine weitsichtige Zeitplanung von Vorteil, die nicht nur alle anstehenden Aktivitäten eintaktet, sondern auch ausreichend Puffer- und Ruhezeiten, damit Stress gar nicht erst entstehen kann. Zudem sind stressauslösende und zeitkritische Situationen an diesem Tag möglichst zu vermeiden. Es ist sicher nicht ratsam, am Morgen vor dem Auftritt zu versuchen, beim Finanzamt einen komplizierten Steuersachverhalt zu klären oder mit den Zwillingskindern in der Trotzphase einen Routinearzttermin wahrzunehmen. Und natürlich ist es entspannter, eine halbe Stunde zu früh als auf den letzten Drücker und völlig abgehetzt am Veranstaltungsort zu erscheinen.

10.2 Herzklopfen, weiche Knie, zittrige Stimme

Einen hohen Leidensdruck erzeugen bei vielen Vortragenden die körperlichen Reaktionen, die mit dem Lampenfieber einhergehen. Herzklopfen, Schwitzen, Verkrampfungen, rote Flecken auf der Haut, weiche Knie, zittrige Hände, Luftnot, Verdauungsstörungen, allgemeine Unruhe und ähnliche Symptome machen es dem Vortragenden schwer, selbstsicher und unbeschwert aufzutreten. Sie sind ein wesentlicher Angstfaktor, wenn es um öffentliche Auftritte geht. Zum einen, weil viele Vortragende befürchten, dass diese körperlichen Reaktionen vom Publikum ebenso wahrgenommen werden wie von ihnen selbst und sie unsouverän erscheinen lassen. Zum anderen, weil sie die Vortragenden tatsächlich negativ beeinflussen können und zum Beispiel dazu führen, dass sie eine verkrampfte und steife Körperhaltung einnehmen, sich hektisch und fahrig bewegen, zu schnell oder zu leise sprechen oder keinen Blickkontakt mit dem Publikum aufnehmen.

> Was viele Menschen nicht wissen: Selbst wenn ein Vortragender unter starkem Lampenfieber leidet, bekommt das Publikum davon meist gar nichts mit.

Zum ersten Punkt lässt sich glücklicherweise sagen: Die Außenwirkung des Lampenfiebers ist in der Regel weitaus undramatischer, als man es selbst empfindet. Denn die meisten körperlichen Reaktionen werden von Außenstehenden überhaupt nicht bemerkt. Menschen mit Lampenfieber wirken daher auf ihr Publikum oft nicht wie Menschen mit Lampenfieber. Es ist sogar häufig der Fall, dass sie besonders engagiert erscheinen. Außerdem sollte man nicht vergessen, dass sich die körperlichen Symptome des Lampenfiebers oft bereits während der ersten Minuten des Auftritts verflüchtigen und daher meist nur die Anfangsphase wirklich davon betroffen ist.

Sollten die körperlichen Aspekte jedoch tatsächlich zu sichtbaren Problemen führen, empfehlen sich verschiedene Methoden des Stressabbaus. Bei leichteren Fällen reicht oft schon ein kleiner Spaziergang vor dem Auftritt, um ruhiger zu werden und Symptome wie Herzklopfen, Unruhe, Anspannung oder Verkrampfungen deutlich zu mildern. Es kann auch helfen, in den Auftritt ganz bewusst einige kleine Wege einzubauen – zum Beispiel vom Pult zur Leinwand etc. –, um dadurch Zeit zu gewinnen zum Durchatmen und mithilfe der Bewegung den Körper wieder unter Kontrolle zu bekommen. Manchen Menschen hilft es auch, sich vor dem Auftritt etwas Ablenkung zu verschaffen. Sie lesen zum Beispiel einige Seiten in ihrem Lieblingsbuch, spielen ein paar Runden eines Digitalspiels auf dem Smartphone oder hören ein bisschen Musik. Manchen Sportlern hilft auch eine Runde gemäßigtes Joggen. So bekommen sie den Kopf frei und werden ruhiger und konzentriert.

Bei hartnäckigeren Fällen können gezielt eingesetzte Entspannungstechniken helfen. Atemübungen und Methoden der Muskelentspannung haben sich hier bewährt und sind leicht zu erlernen. Professionelle Hilfe durch Therapeuten ist meist nur bei sehr schweren Fällen erforderlich, bei denen tatsächlich Panikattacken oder schwerwiegende Blackouts auftreten. Hier empfiehlt es sich jedoch auch, nicht zu lange damit zu warten, sich entsprechende Hilfe zu suchen, damit sich die Schwierigkeiten nicht manifestieren.

Um die (gemäßigten) körperlichen Reaktionen bei Lampenfieber nicht noch ungünstig zu verstärken, empfiehlt es sich zudem, Kleidung und Schuhwerk so auszuwählen, dass sie zum körperlichen Wohlbefinden beitragen und nicht einen zusätzlichen Stressfaktor darstellen, weil sie beispielsweise einengen oder das Schwitzen fördern oder schlecht sitzen.

Sollten sich einige Symptome des Lampenfiebers mit diesen Maßnahmen nicht beherrschen lassen, lohnt ein kurzes Innehalten mit einer ganz bestimmten Frage. Diese Frage lautet: Ist das wirklich so schlimm? – Womit wir beim nächsten entscheidenden Punkt im Kampf gegen das Lampenfieber wären: der eigenen Einstellung.

10.3 Eine positive Einstellung zu sich selbst und zum Auftritt

Ist das wirklich so schlimm? Wer sich diese Frage stellt und gedanklich kurz zur Seite tritt, um einen anderen Blickwinkel einzunehmen, wird in vielen Fällen zu der Antwort gelangen: Nein, in Wirklichkeit ist es nicht so schlimm. Wenn das Publikum merkt, dass der Vortragende aufgeregt ist, geht davon die Welt nicht unter. Das ist menschlich, und wir sind alle Menschen. Jeder kennt das aus eigener Erfahrung. Und wenn die Technik streikt oder der Redner kurz den roten Faden verliert oder er einen Satz ein zweites Mal anfangen muss oder eine vergessene Grafik nachreicht – das Publikum wird es ihm in den allermeisten Fällen nachsehen. Häufig wirken kleinere Pannen sogar sympathisch und lockern die Stimmung auf. Solange sie keine gravierenden Folgen haben und sich schnell korrigieren lassen, schmälern sie die Überzeugungskraft eines Auftritts nicht.

Es lohnt sich daher unbedingt, den selbst auferlegten Anspruch eines perfekten Auftritts ganz bewusst infrage zu stellen. Ein authentischer Auftritt mit kleinen Ecken und Kanten erntet nämlich oft mehr Aufmerksamkeit und Zustimmung als eine auf Hochglanz polierte Präsentation ohne persönliche Note. Statt sich mit

Selbstzweifeln und Versagensängsten herumzuplagen, ist es daher viel sinnvoller, sich auf seine Stärken zu besinnen, diese in den Vordergrund zu rücken und damit zu punkten – und eventuell einige wenige Abstriche an anderer Stelle, die einem niemand übel nehmen wird, in Kauf zu nehmen. Zu wissen, was man kann und was man zu bieten hat, und das beim Auftritt auch zum Einsatz zu bringen, verspricht – eine gute Vorbereitung vorausgesetzt – mit Sicherheit mehr Erfolg, als nur darauf zu schauen, was schiefgehen könnte und wo die eigenen Schwachstellen liegen. Diese positive Einstellung stärkt die eigene Selbstsicherheit wirkungsvoll und nachhaltig und sorgt für deutliche Entspannung.

Oft ist auch ein Blick zurück oder auf andere sehr aufschlussreich. Wie ist die letzte Präsentation – trotz Lampenfiebers und vertauschter Grafiken – gelaufen? Sie kam sehr gut an und überzeugte auf ganzer Linie. Die vertauschten Grafiken sorgten zudem für einen kleinen Lacher, der an ungewöhnlicher Stelle etwas Schwung in die Präsentation brachte. Einige Zuhörer zeigten sich im Nachhinein sehr interessiert an dem Thema. Und welchen Eindruck machte der Kollege mit seinem Vortrag? Er schien anfangs etwas nervös, hatte jedoch sehr interessante Informationen. Sein Vortrag war sehr spannend, obwohl er ab und zu ein bisschen den Überblick über seine Zahlen zu verlieren schien. Doch es wurde überaus deutlich, dass das Fachgebiet sein absolutes Steckenpferd ist. – Ein guter Auftritt muss nicht fehlerfrei und perfekt sein. Wichtiger ist ein engagierter und kundiger Redner, der mit Begeisterung bei der Sache ist und weiß, wovon er spricht.

> Ein guter Auftritt muss nicht fehlerfrei und erst recht nicht perfekt sein.

Wer diese Einsicht verinnerlicht, kann damit viel Ballast abwerfen. Denn es ermöglicht, sich von negativen Denkmustern und Glaubenssätzen zu verabschieden und stattdessen eine positive Einstellung zu sich selbst und zum bevorstehenden Auftritt zu entwickeln. Und wenn man einem Auftritt mit Freude und positiven Erwartungen und ohne Versagensängste entgegensieht, verringern sich das Lampenfieber und seine Auswirkungen bald auf ein erträgliches Maß.

Und der verbleibende Rest Lampenfieber ist dann auch eher inspirierend als störend. Denn Lampenfieber hat auch seine guten Seiten. Ein wenig Lampenfieber vor einem Auftritt ist sogar ganz nützlich. Es erhöht die Aufmerksamkeit und Präsenz, schärft die Sinne und macht uns hellwach. Es versetzt Körper und Geist in einen Zustand voller Konzentration und Energie und schafft gute Bedingungen, um beim Auftritt Höchstleistungen abzurufen.

11. Charisma: Die Wirkung persönlicher Ausstrahlung

Für viele Menschen und gerade für solche, die bei ihren Auftritten unter Lampenfieber leiden, sind Redner und Referenten mit Charisma eine Art Idealbild. Sie haben eine tolle Ausstrahlung und liefern scheinbar mühelos rundum überzeugende Auftritte ab. Charismatiker treten selbstbewusst, ruhig, souverän und zielstrebig auf, wirken auf ihr Publikum fachlich kompetent, überzeugend und glaubwürdig und setzen sich leidenschaftlich für ihre Ideen und Überzeugungen ein. Sie wecken Begeisterung, üben Einfluss, inspirieren das Publikum und zeigen sich gleichzeitig sehr aufgeschlossen gegenüber den Ansichten und Fragen ihrer Zuhörer. Sie stechen aus der Masse hervor, ohne überheblich zu erscheinen, und wirken dabei in hohem Maße authentisch.

Otto Normalbürger gewinnt angesichts eines besonders charismatischen Redners oder Referenten schnell den Eindruck, dass diesem das Charisma in die Wiege gelegt worden sein muss und daher für ihn selbst unerreichbar ist. Das ist glücklicherweise ein Irrtum. Jeder kann seine persönliche Ausstrahlung stärken und sie bei Auftritten gezielt einsetzen.

11.1 Was echtes Charisma ausmacht

Charisma ist nicht angeboren oder eine „Gnadengabe", wie die wörtliche Übersetzung des griechischen Ursprungs des Wortes nahelegt, sondern eine persönliche Eigenschaft, die man sich aneignen und die man ausbauen kann. Denn eine charismatische Ausstrahlung beruht auf drei Aspekten, die für jeden zu erreichen sind. Diese drei Aspekte sind:

- die soziale Kompetenz,
- die Kommunikationsfähigkeit und
- die positive Einstellung zu sich selbst.

Charismatische Menschen gehen offen und interessiert auf andere Menschen zu, verfügen über Einfühlungsvermögen und setzen dieses im sozialen Miteinander bewusst ein. Ihre Mitmenschen sowie deren Fähigkeiten, Sichtweisen, Kenntnisse und Kompetenzen sehen sie als Bereicherung ihres eigenen Lebens und nicht als Konkurrenz. Dementsprechend ist ein respektvoller, fairer, wertschätzender und toleranter Umgang mit anderen für sie selbstverständlich. So gelingt es Charismatikern, ihren Mitmenschen näherzukommen, Sympathien zu wecken und sich in Gemeinschaften harmonisch einzufügen. – Diese Eigenschaften und Verhaltensweisen sind jedermann zugänglich, der sich dafür entscheidet, seine soziale Kompetenz für ein gutes und verständnisvolles Miteinander einzusetzen. Dafür braucht es kein angeborenes Charisma. Es braucht lediglich ein klares Bewusstsein für die Grundzüge eines funktionierenden sozialen Miteinanders und die Bereitschaft, das eigene Verhalten konsequent danach auszurichten.

Auch die erforderlichen kommunikativen Fähigkeiten lassen sich gut erlernen und üben. Die Kommunikation charismatischer Menschen stützt sich dabei im Wesentlichen auf die gleichen Prinzipien wie die soziale Kompetenz: echtes Interesse am Gegenüber, Einfühlungsvermögen, Fairness und persönliche Wertschätzung. Das zeigt sich darin, dass sie einerseits darauf bedacht sind, sich selbst klar und verständlich auszudrücken, andererseits jedoch immer auch versuchen, ihr Gegenüber richtig zu verstehen, indem sie aufmerksam zuhören und anderen Menschen unvoreingenommen begegnen. Sie wissen und beachten, dass bei der Kommunikation nicht nur die kommunizierten Inhalte von Bedeutung sind, sondern dass auch die Beziehung der Kommunizierenden großen Einfluss hat auf den Verlauf und den Erfolg der Kommunikation. Deshalb achten sie darauf, die Beziehungsebene nicht zu belasten, sondern sie durch ihren Kommunikationsstil im Gegenteil zu festigen und

> Charisma mag manchmal angeboren sein, in den meisten Fällen ist es jedoch das Resultat einer bewussten Persönlichkeitsentwicklung.

positiv zu beeinflussen. Charismatiker konzentrieren sich zudem bei der Kommunikation darauf, ein gutes Ergebnis in der Sache zu erzielen, und nicht darauf, als rhetorischer „Sieger" hervorzugehen. Das unterstreicht zusätzlich ihre persönliche Souveränität und stärkt ihre Überzeugungskraft, zumal sie darüber hinaus auch rhetorisch sehr versiert sind und (körper-)sprachliche Mittel bewusst und gekonnt einsetzen. Sie sind in der Lage, sich präzise und verständlich auszudrücken und auch etwaige Verbalangriffe schlagfertig oder mit Humor zu parieren. Sie glänzen beim leichten Small Talk genauso wie beim anspruchsvollen Vortrag oder bei einer knallharten Verhandlung.

Das alles funktioniert jedoch nur, weil charismatische Menschen über eine positive Einstellung zu sich selbst verfügen. Sie haben ein gesundes Selbstwertgefühl und ein ausgeprägtes Selbstbewusstsein, weil sie sich selbst wirklich kennen und im Einklang mit ihren Überzeugungen leben. So können sie ihre Lebensführung ganz bewusst an ihren Überzeugungen, Wünschen, Bedürfnissen, Zielen und Stärken ausrichten und selbstbestimmt handeln und entscheiden. Das alles sorgt für Zufriedenheit und Lebensfreude. Und daraus wiederum können Leidenschaft und Zuversicht erwachsen, die es leichter machen, Herausforderungen zu bewältigen und Ziele zu erreichen.

11.2 Das eigene Charisma wecken

Charisma ist zwar eine Eigenschaft, die Sie entwickeln und ausbauen können, allerdings nicht auf die gleiche Weise, wie Sie zum Beispiel den richtigen Umgang mit einem neuen Computerprogramm erlernen und vertiefen. Hinter dem eigenen Charisma steht vielmehr eine echte Persönlichkeitsentwicklung, und die beginnt mit einer bewussten Entscheidung. Gemeint ist die klare Entscheidung, die Verantwortung für das eigene Leben zu übernehmen und die Dinge selbst in die Hand zu nehmen. Alle Versu-

che, „die anderen" oder „die Umstände" oder „die ausbleibenden
Gelegenheiten" dafür verantwortlich zu machen, dass das eigene
Leben nicht so verläuft, wie man es gern hätte, sind tabu, wenn
man Charisma entwickeln will. Denn solange man sich vor allem
von fremden Kräften bremsen (oder auch antreiben) lässt, fehlt es
an eigener Kraft und Entschlossenheit, selbstbestimmt Veränderungen einzuleiten und Verantwortung zu übernehmen.

Die Entscheidung für eine eigenverantwortliche Lebensführung
ist wahrscheinlich die am schwersten zu überwindende Hürde
auf dem Weg zum eigenen Charisma. Denn die Umsetzung dieser
Entscheidung setzt ein klares Bewusstsein von sich selbst voraus
und erfordert sehr konsequentes Handeln. Das ist oft unbeque-
mer, aufwändiger und anstrengender, als sich einfach ein wenig
zurückzulehnen und auf günstigere Umstände oder in Aktion tre-
tende Mitmenschen zu hoffen. Denn normalerweise fällt es uns
schwer, lediglich auf Grundlage eines Entschlusses unsere jahre-
lang gepflegten Mechanismen, Rollen und Muster abzulegen und
stattdessen selbstbestimmt und souverän zu entscheiden und zu
handeln. Doch niemand hat gesagt, dass es einfach wäre, dem eigenen Charisma auf die Sprünge zu helfen. Im Gegenteil: Es ist ein
Prozess, der Zeit und Mühe und Arbeit kostet, dafür aber nachhaltige Ergebnisse verspricht.

Mit dem Entschluss für mehr Eigenverantwortung beginnt übrigens auch die positive Einstellung zu sich selbst: Die eigenen Wertvorstellungen, Ideen, Ziele, Überzeugungen, Wünsche und Bedürfnisse – kurz: das eigene Selbst – erhalten mehr Bedeutung und
Wertschätzung. Man entwickelt ein Bewusstsein dafür, dass das eigene Selbst gut und richtig ist und zum positiven Leitfaden werden
kann, an dem sich Entscheidungen und Aktivitäten orientieren.

Dem Entschluss folgt eine persönliche Bestandsaufnahme, um so
herauszufinden und zu analysieren, welche Aspekte der eigenen
Lebensführung noch nicht zufriedenstellend sind und wo es schon

ganz gut aussieht. Mögliche Fragen für eine solche Bestandsaufnahme wären zum Beispiel:

- Was ist mir wichtig?
- Inwieweit gestalte ich mein Leben selbstbestimmt nach meinen
  persönlichen Überzeugungen?
- Wo reagiere ich eher auf fremde Einflüsse?
- Welche Wünsche sind bisher unerfüllt geblieben und warum?
- Welche Entscheidungen habe ich im Einklang mit meinen
  Überzeugungen getroffen und welche nicht?
- Welche Herausforderungen habe ich noch nicht gemeistert und
  warum?
- Welche Erfolge habe ich erzielt und warum?
- Macht mein Beruf mir Freude und bietet er mir bereichernde
  Herausforderungen und Ziele?
- Was ist mir im Berufsleben wichtig?
- Habe ich gute Beziehungen zu Freunden, Bekannten und Kol-
  legen?

Für die Entwicklung der Fragen und ihre Beantwortung werden
Sie durchaus etwas Zeit brauchen, da sie individuell sehr verschieden sind und absolute Ehrlichkeit gegenüber sich selbst sowie ein
gründliches Nachdenken erfordern. Nur so können Sie zutreffende Schlussfolgerungen aus der Bestandsaufnahme und der Analy-
se zu ziehen.

Die Schlussfolgerungen sind jedoch nur ein Schritt. Anschließend
geht es darum, aus ihnen möglichst konkrete (Veränderungs-)
Maßnahmen, Verhaltensweisen und bei Bedarf auch neue Zielformulierungen für sich selbst abzuleiten. Stellt sich zum Beispiel
bei der Selbstanalyse heraus, dass der ergriffene Beruf unbefriedi-
gend ist und überwiegend von Fremdbestimmung geprägt ist, weil
beispielsweise lediglich das hohe Ansehen ausschlaggebend für
die Berufswahl war, dann ist es womöglich an der Zeit, sich neue
berufliche Ziele zu setzen. Doch neue Ziele sind nur ein Aspekt.
Entscheidender sind das Verhalten und die Entscheidungen im

> Weil die Wirkung eines Menschen sehr stark von seinem Kommunikationsstil abhängt, ist die Kommunikation ein optimaler Ansatzpunkt, um die eigene Wirkung nachhaltig zu verbessern.

Alltag sowie im Miteinander mit anderen Menschen. Ein guter erster Ansatzpunkt ist bei vielen Menschen die eigene Kommunikationsfähigkeit. Diese lässt sich gut reflektieren, und es gibt viele konkrete Maßnahmen, um sie zu verbessern. Und weil beide an vielen Stellen Hand in Hand gehen, verbessert sich damit oft gleich auch die soziale Kompetenz. Wer aufgeschlossen und interessiert auf andere Menschen zugeht und ihnen wirklich aktiv zuhört, wird sie besser verstehen und sich selbst auch leichter verständlich machen können. Das beeinflusst auch die zwischenmenschliche Ebene äußerst positiv. Und um das zu erreichen, brauchen Sie nur ein klares Bewusstsein davon, wie wichtig Offenheit und echtes Interesse am anderen für das Gelingen von Kommunikation und für ein gutes Miteinander sind, und die Bereitschaft, diese Erkenntnisse auch in die Tat umzusetzen. Wenn Ihnen das gelingt, haben Sie bereits einen großen Teil der Aufgabe in Sachen Kommunikationsfähigkeit geschafft. Spezielle Einzelaspekte der Kommunikation oder auch etwaige Schwachstellen in der eigenen Kommunikationsfähigkeit können Sie dann gezielt und individuell bearbeiten. Entsprechende Literatur oder Trainings können hierbei gute Hilfestellungen leisten.

Sowohl beim Ausbau der eigenen Kommunikationsfähigkeit als auch bei allen anderen Aspekten einer charismatischen Persönlichkeit kommt es darauf an, die eigenen Wertvorstellungen und Ansprüche in die Tat umzusetzen, um selbstbestimmt und eigenverantwortlich zu leben. Wer hier bewusst und konsequent agiert, wird bald merken, wie sich dieser Entschluss auf alle Bereiche seines Lebens auswirkt, auf die Art, wie er anderen Menschen begegnet, Entscheidungen trifft und umsetzt, sich in Gemeinschaften verhält, eigene Ziele verfolgt, wie er kommuniziert, sich für seine Überzeugungen einsetzt, zu dem steht, was er sagt, und wie er mit eigenen Fehlern oder Irrtümern umgeht. Die Aufzählung könnte noch unendlich weiter gehen, denn Charisma durchdringt alle Lebensbereiche.

11.3 Charismatisch auftreten

Das ist auch der Grund dafür, dass die Wirkung von charismatischen Auftritten so fesselnd ist. Es ist nämlich unübersehbar, dass sich der Vortragende hier nicht nur eine Handvoll wirkungsvoller Effekte antrainiert hat, sondern sich mit seiner ganzen Person für das einsetzt, was er seinem Publikum vermitteln will. Denn er spricht von Ideen und Überzeugungen, die mit seinem Selbst in Einklang stehen und ein authentischer Bestandteil seiner Persönlichkeit sind. Aus sich selbst heraus entwickelt er Elan und Freude daran, diese Ideen und Überzeugungen weiterzutragen und sich für ihre Verwirklichung einzusetzen. Er weiß genau, warum es sinnvoll und richtig ist, sich dafür starkzumachen, weil er weiß, welche Wertvorstellungen und Ziele dem zugrunde liegen. Seine Begeisterung entsteht ganz von selbst. Das macht ihn glaubwürdig und überträgt sich direkt auf die Zuhörer.

> Ein charismatischer Auftritt überzeugt auf ganzer Linie.

Außerdem ist er dank seiner kommunikativen Fähigkeiten in der Lage, die Botschaften seines Auftritts so zu formulieren und darzustellen, dass sie von seinem Publikum auch verstanden und nachvollzogen werden können. Er findet genau die richtigen Argumente für seine Zuhörer, trifft den richtigen Tonfall und weiß sich gleichzeitig auch verbal zu behaupten.

Authentizität ist auch hier wieder ein entscheidendes Stichwort, denn ein charismatischer und überzeugender Auftritt entsteht nur dort, wo die echte Persönlichkeit des Vortragenden sichtbar wird. Und das wiederum ist nicht einigen wenigen Begnadeten vorbehalten, sondern für jedermann zu realisieren.

12. | Präzise und wirkungsvoll argumentieren

Eine charismatische Ausstrahlung allein macht natürlich noch keinen überzeugenden Auftritt, denn überzeugen kann letztlich nur, wer wirkungsvoll argumentiert und seine Behauptungen plausibel untermauert. Insbesondere wenn das Publikum zu einer Meinungsänderung, einer Entscheidung oder einer Handlung veranlasst werden soll, kommt es auf eine gute und schlüssige Argumentation an.

12.1 Der Aufbau einer Argumentation

Formal gesehen sind für die plausible Untermauerung einer Behauptung Aussagen anzuführen, die diese Behauptung begründen oder beweisen können und die zudem als Begründung oder Beweis dafür auch anerkannt werden. Diese Aussagen sind die Argumente. Praktisch gesehen kommt noch hinzu, dass diese Begründungen und Beweise für die Zuhörer und ihre Lebenswelt auch von Bedeutung sein müssen, weil sie sie sonst schlicht und einfach nicht interessieren. Außerdem ist es notwendig, dass sie zu den konkreten Zielsetzungen des Auftritts passen. Doch zu beidem später mehr.

Eine Argumentation ist in der Regel so aufgebaut, dass ein oder mehrere Argumente logisch zu einer Schlussfolgerung führen. In dieser Schlussfolgerung ist dann die beabsichtigte (und durch die Argumente gestützte) Behauptung enthalten. Manchmal wird auch die angestrebte Schlussfolgerung bereits in Form einer These oder einer Meinung vorformuliert und den Argumenten vorangestellt.

Ein typischer Verlauf einer solchen Argumentation könnte zum Beispiel so aussehen:

1. *Argument A:* „Seit Jahren mehren sich die Probleme mit ...“
2. *Argument B:* „Dabei gibt es inzwischen gute Erfahrungen mit Alternativen, die ...“ (gegebenenfalls weitere Argumente)
3. *Schlussfolgerung:* „Jetzt ist daher der richtige Zeitpunkt, um ...“

Mit einer vorangestellten These sähe eine Argumentation beispielsweise so aus:

1. *These, Meinung:* „Meiner Ansicht nach ist es erforderlich, dass ...“
2. *Argument A:* „Denn die letzten Umsatzzahlen zeigen, dass ...“
3. *Argument B:* „Zudem gibt es deutliche Anzeichen für ...“ (gegebenenfalls weitere Argumente)
4. *Schlussfolgerung:* „Deshalb ist es sinnvoll, Folgendes zu tun ...“

Mit dem gleichen Ablauf kann auch einer fremden Meinung oder These widersprochen werden:

1. *Fremde These, Meinung:* „In vielen Fachartikeln ist zu lesen, dass ...“
2. *Eigene Gegenthese, Meinung:* „Im Gegensatz dazu bin ich der Auffassung, dass ...“
3. *Argument A:* „Denn neuere Untersuchungen haben ergeben, dass ...“
4. *Argument B:* „Außerdem erfordert unser Berufsethos, dass ...“ (gegebenenfalls weitere Argumente)
5. *Schlussfolgerung:* „Folglich spricht vieles dafür, dass ...“

Wichtig ist dabei, dass die Argumente selbst nicht wieder aus reinen Behauptungen bestehen, sondern entweder *plausibel* sind, weil sie sich auf Erfahrungswerte stützen, oder *rational-logisch* sind, weil sie sich mithilfe von nachprüfbaren Zahlen, Daten und Fakten belegen lassen, oder *normativ-ethisch relevant* sind, weil sie auf allgemeingültigen Wertvorstellungen beruhen.

12.2 Die Ziele Ihres Auftritts

Bevor Sie Ihre Argumentation entwickeln, gilt es jedoch, die Ziele Ihres Auftritts zu definieren und sich auf Ihre Zuhörer einzustellen, denn beide geben für Ihre Argumentationen die Richtung und die Schwerpunkte vor. Die Zielstellungen fungieren zudem als Maßstab für den Erfolg Ihres Auftritts. Vereinfacht gesagt: Haben Sie die Ziele erreicht, war der Auftritt erfolgreich, wenn nicht, dann nicht.

Die Ziele eines Auftritts unterteilen sich in sachbezogene und persönliche Zielsetzungen, da es bei öffentlichen Auftritten neben den Inhalten eben immer auch um die Person des Vortragenden geht. Die sachbezogenen Ziele können zum Beispiel folgende Aspekte beinhalten:

- Informationen erfolgreich weitergeben
- Ideen überzeugend vermitteln
- einen sachlichen Streit aufgreifen und klären
- die Meinung der Zuhörer beeinflussen
- die Zuhörer zu bestimmten Handlungen oder Entscheidungen bewegen
- auf ein wichtiges Thema und dessen Bedeutung aufmerksam machen

Die persönlichen Zielsetzungen hingegen bewegen sich eher auf der Metaebene des Auftritts und umfassen zum Beispiel:

- aktives Selbstmarketing betreiben
- den nächsten Karriereschritt vorbereiten
- den eigenen Expertenstatus unter Beweis stellen
- das Interesse von bestimmten Personen im Publikum wecken (zum Beispiel von Vorgesetzten oder wichtigen Geschäftspartnern)
- souverän auftreten

Bei der Vorbereitung des Auftritts ist es von Vorteil, diese beiden Ebenen separat zu betrachten und die Ziele jeweils ganz konkret auszuformulieren. Je konkreter die Formulierungen sind, umso besser können Sie sich bei der inhaltlichen Ausgestaltung des Auftritts daran orientieren. Wollen Sie sich beispielsweise (als persönliche Zielstellung) als Experte auf einem Fachgebiet profilieren, dann ist es sinnvoll, auch auf Argumente zurückzugreifen, die für die aktuelle Fachdiskussion relevant sind und diese widerspiegeln. Besteht Ihr (sachbezogenes) Ziel jedoch in erster Linie darin, den Zuhörern ein bestimmtes Wissen zu vermitteln, dann sollten Ihre Argumente vor allem die sachlichen Zusammenhänge deutlich werden lassen.

Konkrete sachbezogene Zielformulierungen sind zum Beispiel:
- „Die Führungskräfte unseres Unternehmens sollen verstehen, dass eine Kooperation mit der Firma XY für den zukünftigen Erfolg unseres Unternehmens wichtig ist, erkennen, welche Vorteile sie für uns bringt, und schließlich entscheiden, die Kooperation einzugehen."
- „Die Präsentation hat das Ziel, unseren Stakeholdern und Geschäftsführern nachvollziehbar zu erklären, welches lukrative Marktpotenzial wir uns mit dem neuen Produkt erschließen können, und sie davon zu überzeugen, die Entwicklung des Produkts ein weiteres Jahr zu finanzieren."
- „Der Vortrag hat das Ziel, das Lehrerkollegium über die Chancen und Risiken der neuen Medien aufzuklären und es dazu zu bewegen, die neuen Medien kompetent und gezielt in den Unterricht einzubinden."
- „In meiner Präsentation will ich die diesjährigen wichtigsten Leistungen und Erfolge unserer Abteilung vorstellen."

Konkrete persönliche Zielsetzungen könnten wie folgt aussehen:
- „Mit der Präsentation will ich der Führungsetage zeigen, dass ich unkonventionelle Lösungsansätze entwickeln und zum Erfolg führen kann, und mich so für die Entwicklungsabteilung empfehlen."

- „Mit meiner Rede will ich den Brautleuten zeigen, wie sehr sie mir am Herzen liegen, und unsere Freundschaft festigen."
- „Mit meiner Präsentation will ich auf meine sehr gute Arbeit als Abteilungsleiter aufmerksam machen."
- „Mit meinem Vortrag will ich hervorheben, dass ich in meinem Fachgebiet ein Experte und ein wichtiges Mitglied der Fachszene bin."

Wenn Sie klar und deutlich formuliert haben, was Sie mit Ihrem Auftritt erreichen wollen, haben Sie bereits wichtige Anhaltspunkte für die Auswahl und Gewichtung Ihrer Argumente. Darüber hinaus kommt es jedoch auch darauf an, sein Publikum zu kennen. Denn je nachdem, mit welchen Erwartungen, Interessen, Vorkenntnissen oder Bedürfnissen die Zuhörer zu einem Auftritt kommen, ändern sich die konkreten Anforderungen an die Argumentation.

12.3 Die Zuhörer Ihres Auftritts

Für die Entwicklung einer überzeugenden Argumentation ist es wichtig zu wissen, an wen sich die Argumente richten, das heißt, wen Sie überzeugen wollen. Denn auch bei Auftritten gilt die alte Regel: Der Köder muss dem Fisch schmecken, nicht dem Angler. Klären Sie deshalb zu Beginn Ihrer Vorbereitungen Fragen wie die folgenden:

- Wer genau sind die Zuhörer?
- Wie viele Zuhörer sind zu erwarten?
- In welchem Verhältnis stehen Sie als Vortragender zum Publikum?
- In welcher Funktion oder mit welchem Status werden Sie von den Zuhörern wahrgenommen?
- Aus welchem Grund sind die Zuhörer bei Ihrem Auftritt anwesend? Wurden sie angewiesen oder sind sie freiwillig da?
- Sind die Zuhörer Fachleute oder Laien?

- Welches Vorwissen können Sie voraussetzen?
- Welche Sachverhalte; Zusammenhänge oder Begriffe sind unter Umständen erklärungsbedürftig?
- Mit welchen Erwartungen und Bedürfnissen kommen die Zuhörer zum Auftritt?
- Was ist für die Zuhörer von Interesse, was nicht?
- Was versprechen sie sich von Ihrem Auftritt?
- Haben die Zuhörer Befugnisse hinsichtlich anstehender Entscheidungen und Umsetzungsmaßnahmen?
- Welche Fragen oder Einwände seitens des Publikums sind zu erwarten?
- Gibt es Interessenskonflikte oder Konkurrenzsituationen unter den Zuhörern (weil sie zum Beispiel aus der gleichen Branche, jedoch von unterschiedlichen Unternehmen kommen)?

So ergibt sich zum Beispiel, dass Sie als Abteilungsleiter einen Vortrag vor einem Publikum halten, das aus etwa fünfzig Kollegen aus Ihrem Unternehmen besteht. Diese Kollegen kommen aus verschiedenen Fachabteilungen, sodass der größere Teil der Zuhörer mit dem Thema Ihres Vortrags und dem entsprechenden Fachvokabular nicht besonders gut vertraut ist, was Sie deshalb bei Ihren Erläuterungen berücksichtigen. Außerdem werden auch die anderen Abteilungsleiter zum Vortrag kommen, mit denen Sie zumindest indirekt in Konkurrenz um die nächsthöhere Führungsposition stehen. Zwei Vertreter der Geschäftsführung sind ebenfalls zu erwarten, was die persönlichen Zielsetzungen beeinflussen kann. Die Zuhörer erwarten einen aufschlussreichen Einblick in die aktuellen Ergebnisse der Arbeit Ihrer Abteilung und wollen zudem wissen, welche Auswirkungen diese Ergebnisse auf ihre eigene Arbeit haben werden und was an etwaigen Veränderungen auf sie zukommt. Typischerweise sind Rückfragen und Einwände zu erwarten, die die notwendigen Veränderungen infrage stellen und den Status quo verteidigen wollen. – Mit den oben genannten Fragen lässt sich so bereits ein sehr aussagekräftiges Szenario skizzieren, das das Bild vom Publikum nach und nach komplettiert und bei

Bedarf mit weiterführenden Fragen noch detaillierter ausgearbeitet werden könnte.

Allerdings gibt es auch Auftrittssituationen, in denen sie vor einem völlig fremden Publikum stehen. Hier bleibt Ihnen nur, den Rahmen der Veranstaltung und mögliche weitere Auftritte im gleichen Umfeld zurate zu ziehen, um eine Vorstellung davon zu bekommen, welche Zuhörer zu erwarten sind.

Ihre eigenen Ziele und die Erkenntnisse über die Zuhörer sind die Richtschnur, an der sich die Auswahl der Inhalte und der technischen Hilfsmittel sowie das (fachliche) Niveau Ihres Auftritts orientieren. Am wichtigsten sind sie jedoch für die Entwicklung der Argumente, mit denen Sie das Publikum überzeugen wollen.

12.4 Maßgeschneiderte Argumente

Gute Argumente sind passgenau auf diejenigen zugeschnitten, die sie überzeugen sollen. Es reicht nicht aus, dass der Vortragende seine Argumente selbst für stichhaltig hält. Entscheidend ist, ob sie für das Publikum plausibel und relevant sind. Ist dies nicht der Fall, verpufft die Wirkung selbst der besten Argumente, da sie den Adressaten gar nicht erst erreichen.

Ein Kunde, Marketingchef eines Unternehmens, erzählte mir einmal, wie ein Dienstleister mit seinen Argumenten absolut danebenlag: Der Dienstleister, eine Grafik- und PR-Agentur, präsentierte seinen Entwurf für eine Info-Kampagne, die er für das Unternehmen umsetzen sollte. Das Publikum bestand aus einigen Vertretern des Unternehmens, die von den Ideen der Agentur sehr angetan waren. Neben den Ideen schlugen die Agenturmitarbeiter für die Herstellung der Druckerzeugnisse wie Broschüren, Flyer etc. auch eine Druckerei vor. Dabei hatten sie extra einen Anbieter herausgesucht, bei dem die Druckaufträge sehr kostengünstig und effizient via Internet abgewickelt werden könnten. Dieses Argument überzeugte jedoch überhaupt nicht. Das Unternehmen legte nämlich vielmehr großen Wert auf eine enge und fachlich kompetente Abstimmung mit der Druckerei sowie auf einen Anbieter aus der Region. Das Unternehmen war auch bereit, dafür etwas mehr Geld auszugeben. Das Kostenargument konnte hier also überhaupt nicht überzeugen.

Die Interessen und Bedürfnisse des Unternehmens betrafen in dieser Sache eben nicht vorrangig die Kosten, sondern die Qualität und die Rahmenbedingungen der Zusammenarbeit. Deshalb verfehlte das Argument in diesem speziellen Fall absolut sein Ziel. Für ein anderes Publikum wäre es vielleicht genau das richtige gewesen. (Übrigens bekam die Agentur dennoch den Auftrag, da sich die Fehlplanung mit der Druckerei problemlos korrigieren ließ und die Kampagnenideen sehr überzeugend waren.)

Die richtigen Argumente lassen sich daher am besten finden, wenn man die Interessen, Probleme, Wünsche, Erwartungen, Bedürfnisse und den Nutzen der Zuhörer genau kennt und auch bereit ist, sich darauf einzustellen. Es kommt näm- lich auch darauf an, diese Interessen und Bedürf- nisse der Zuhörer wirklich ernst zu nehmen. Wer als Vortragender stattdessen meint, er wüsste es ohnehin besser und könnte die Ansichten des Publikums einfach übergehen, wird mit seinen Argumenten nicht sehr weit kommen. Das gilt insbesondere auch für etwaige Entscheidungen oder Veränderungsprozesse, die als Folge des Auftritts umzusetzen sind. Die entsprechenden Maßnahmen dürfen nicht im Widerspruch stehen zur Realität und zu den tatsächlichen Möglichkeiten der Zuhörer, denn dann werden sie mit hoher Wahrscheinlichkeit nicht oder nicht voll- ständig beziehungsweise nicht in der gewünschten Art und Wei- se umgesetzt werden (können). Deshalb ist es wichtig, auch hier die Perspektive der Zuhörenden zu berücksichtigen. Denn was der Vortragende von seinem Standpunkt aus für umsetzbar hält, ist noch lange nicht das, was das Publikum tatsächlich umsetzen kann und umzusetzen bereit ist.

> Wer die Interessen und Bedürfnisse seiner Zuhörer kennt und ernst nimmt, findet leicht die passenden Argumente.

Eine wirksame und überzeugende Ansprache des Publikums ist vor allem auch dann gegeben, wenn Sie neben den sachlichen Inhalten Emotionen in Ihren Auftritt einfließen lassen und die Zuhörer so auch emotional erreichen. Das kann die Überzeugungskraft Ihrer Argumente deutlich erhöhen, weil sie anschaulicher, nachvollziehbarer und eingängiger werden. Zusätzlich erkennen die Zuhörer ganz direkt den Bezug zu ihrer eigenen Lebenswirklichkeit, wenn ihre Gefühle angesprochen werden. Gut geeignet sind dafür bestimmte sprachliche Mittel wie die Verwendung von veranschaulichenden Beispielen oder Vergleichen sowie von bildhaften Erläuterungen. Und auch eigene Erfahrungsberichte bringen eine persönliche und emotionale Note in Ihre Ausführungen.

Das alles heißt nun allerdings nicht, dass ein Vortragender seinem Publikum nur nach dem Munde reden und eigene Ansichten vollkommen zurückstellen soll. Es geht darum, die Zuhörenden ernst zu nehmen, ihre Ansichten wertzuschätzen und dabei gleichzeitig das eigene Anliegen überzeugend zu vermitteln.

Sich auf sein Publikum einzustellen bedeutet darüber hinaus, die eigenen Argumente und Botschaften so zu kommunizieren, dass die Zuhörer sie tatsächlich verstehen. Können die Zuhörer einer Argumentation nicht folgen, weil sie beispielsweise zu kompliziert konstruiert oder unverständlich oder uneindeutig formuliert ist, wird sie kaum Überzeugungsarbeit für den Vortragenden leisten. Auch Langeweile hält das Publikum oft davon ab, aufmerksam zuzuhören und eine Argumentation nachzuvollziehen, was dann häufig ebenfalls zur Folge hat, dass gute Argumente wirkungslos verpuffen. Einige häufige Fehler lassen sich leicht vermeiden, indem Sie:

- Aussagen und Argumente nicht unnötig kompliziert formulieren;
- bei Ihren Ausführungen nicht vom Thema abschweifen;
- auf langatmige Erläuterungen, Einleitungen, Exkurse etc. verzichten;

- nur Fachausdrücke, Abkürzungen etc. verwenden, von denen Sie sicher sind, dass die Zuhörenden sie verstehen;
- nicht zu viele Argumente aneinanderreihen;
- keine widersprüchlichen Aussagen formulieren;
- nachvollziehbar und logisch argumentieren.

Ein weiteres unerlässliches Mittel, um die eigenen Argumente wirkungsvoll zu vermitteln, ist die Verwendung der richtigen Sprache. Gelingt es Ihnen bei Ihrem Auftritt, die gleiche Sprache zu sprechen wie Ihre Zuhörer, erhöhen sich Ihre Chancen deutlich, Ihr Publikum nachhaltig zu überzeugen. Was es konkret bedeutet, die richtige Sprache zu sprechen, und wie Ihnen das gelingt, erfahren Sie im nächsten Kapitel.

13. | Die richtige Sprache sprechen

Die Argumente und Botschaften eines Auftritts können nur dann ihre volle Wirkung entfalten, wenn die Zuhörer sie verstehen – und zwar so verstehen, wie der Vortragende sie auch tatsächlich gemeint hat. Das ist alles andere als eine Selbstverständlichkeit, denn Informationsverluste, Fehlinterpretationen, Missverständnisse beziehungsweise Verständnisprobleme sind bei Auftritten keine Ausnahme. Die Gründe dafür sind vielfältig. Schon dadurch, dass der Vortragende ganz einfach undeutlich oder zu leise spricht, oder wenn die Zuhörer nicht aufmerksam zuhören, können erhebliche Probleme auftreten. Manchmal beeinträchtigen auch die Rahmenbedingungen des Auftritts das Aufnehmen und Verstehen von Informationen: Die schlechte Akustik im Saal, die Aussetzer des Mikrofons, laute Geräusche aus dem Nebenraum, die zu blasse Beamerprojektion – solche äußeren Einflüsse können einen Auftritt in erheblichem Maße stören und machen es den Zuhörern schwer, das Gesagte zu verstehen und gedanklich aufzunehmen.

Häufiger jedoch sind wohl die Fälle, in denen das Gesagte von den Zuhörern falsch beziehungsweise nicht verstanden oder anders interpretiert wird, als es vom Vortragenden gemeint ist. Das vollzieht sich bei den Zuhörern oft sogar unbewusst und passiert unter anderem dann, wenn …

- es dem Vortragenden nicht gelingt, seine Gedanken so zu formulieren, dass sie wirklich (und vollständig) das transportieren, was er sagen möchte. Dann entstehen Informationsverluste oder -abweichungen, die verhindern, dass die Informationen und Botschaften wie beabsichtigt beim Zuhörer ankommen.
- den Zuhörern das nötige (Fach-)Wissen fehlt, um Aussagen, Zusammenhänge, Erklärungen, Argumente etc. zu verstehen. Manchmal *glauben* sie auch nur, das Gehörte verstanden zu haben, oder wollen nicht zugeben, dass sie Verständnisprobleme

haben. Beides ist für den Vortragenden problematisch, da es dann auch keine klärenden Rückfragen gibt.

- die Zuhörer beim Zuhören und Verstehen nicht allen Aussagen gleich viel Aufmerksamkeit schenken: Sie sind aufmerksamer bei Informationen und Botschaften, die ihre eigenen Interessen und Bedürfnisse ansprechen, als bei solchen, bei denen dies weniger der Fall ist. Letztere werden dann nur am Rande oder überhaupt nicht zur Kenntnis genommen, sodass Informationslücken und Bedeutungsverschiebungen entstehen können.
- die Zuhörer vorrangig das wahrnehmen und verstehen, was sie zu hören erwarten. Sie projizieren dann ihre Erwartungen (an den Vortragenden, an das Thema etc.) in das Gehörte hinein, was abweichende Interpretationen zur Folge haben kann.
- die Zuhörer das Gehörte durch Interpretation ihren eigenen Ansichten und Kenntnissen anpassen, damit die Aussagen keine Widersprüche erzeugen. Dazu werden zum Beispiel Einzelaussagen uminterpretiert oder Begriffe umgedeutet. Manchmal wird auch der Kontext von Aussagen ignoriert, oder Lücken, die durch Unausgesprochenes entstanden sind, werden spekulativ gefüllt. Oder die Zuhörer meinen, „zwischen den Zeilen" unterschwellige Botschaften wahrzunehmen.
- die Zuhörer sich von Gefühlen leiten lassen, sodass sie beispielsweise Aussagen eines Vortragenden, der ihnen sympathisch ist, aufgeschlossener gegenüberstehen als den Aussagen eines anderen, der auf sie vielleicht unsympathisch wirkt.

Für Sie als Vortragender ist es wichtig, sich bei einem Auftritt stets bewusst zu sein, dass eine Botschaft oder Information nicht das ist, was Sie sagen, sondern das, was bei Ihren Zuhörern ankommt und von ihnen verstanden wird. Und auch wenn in dieser Aufzählung bei den meisten Punkten die Zuhörer das Subjekt des Satzes sind, dürfen Sie eines nicht vergessen: Die Verantwortung dafür, dass Ihre Informationen und Botschaften beim Publikum richtig ankommen, liegt beim Vortragenden, nicht bei den Zuhörern! Es ist Ihre Aufgabe, sich so auszudrücken, dass Ihre Aussagen die Zuhörer erreichen und von ihnen richtig verstanden werden.

13.1 Damit das Publikum Sie versteht

Die Verständlichkeit des eigenen Auftritts können Sie günstig beeinflussen, indem Sie sich auf die Zuhörer einstellen und ganz bewusst eine gemeinsame Sprache verwenden. Die richtige Sprache ist hierbei natürlich umfassender gemeint als die Verwendung der richtigen Landessprache. Zur gemeinsamen Sprache gehören unter anderem ein geeignetes (Fach-)Vokabular, ein angemessener Sprachstil und der Rückgriff auf ein ähnliches Hintergrundwissen, damit auch Bezüge, Anspielungen, Verweise etc. verstanden werden.

> Eine der primären Aufgaben eines Vortragenden ist es, sicherzustellen, dass seine Botschaften vom Publikum verstanden werden. Und das gelingt längst nicht immer.

Findet der Vortragende keine gemeinsame Sprache mit seinem Publikum, kann es schnell dazu kommen, dass er an seinen Zuhörern vorbeiredet.

Ein typischer Fall ist ein Fachmann, der Laien einen Vortrag hält und dabei nicht berücksichtigt, dass seine Zuhörer sich nicht auf seinem fachlichen Niveau bewegen und seine Ausführungen zum Teil einfach nicht verstehen können. Stellen Sie sich zum Beispiel einen Bankangestellten vor, der einer Gruppe mittelständischer Investoren die Vorteile seines Finanzierungsangebots vorstellen will und sich dabei in hochkomplizierten finanzmathematischen und steuerpolitischen Erläuterungen verliert und seine Ausführungen auch noch mit unzähligen (fremdsprachigen) Spezial- und Fachbegriffen spickt. Die Investoren werden vermutlich nur einen Bruchteil der Präsentation verstehen und die entscheidenden Informationen, Botschaften und Zusammenhänge wahrscheinlich überhaupt nicht aufnehmen. Schwer vorstellbar, dass sie sich von diesem Finanzierungsangebot überzeugen lassen. Und auch im privaten Kontext kann die gemeinsame Sprache, wie sie hier gemeint ist, eine wichtige Rolle spielen. Nehmen wir als Beispiel noch einmal die feierliche Ansprache auf das Brautpaar. Wird diese mit lustigen Anspielungen angereichert, die die meisten im Publikum nicht dechiffrieren können, weil sie die dazugehörenden Tatsachen oder Begebenheiten gar nicht kennen, dann wird die Ansprache wohl nur wenige Lacher ernten und die lustig gemeinte Rede ihre Wirkung verfehlen.

Was die beiden Beispiele deutlich zeigen: Die Versäumnisse hinsichtlich der richtigen Sprache fallen letztlich auf den Vortragenden zurück, denn am Ende ist er es, der seine Botschaften nicht erfolgreich platzieren und seine Zuhörer nicht überzeugen kann.

Die richtige Sprache wirkt sich jedoch nicht nur positiv auf die Verständlichkeit Ihrer Ausführungen auf. Sie beeinflusst auch die Beziehungsebene, weil eine gemeinsame Sprache deutlich macht, dass der Vortragende auf seine Zuhörer eingeht und ihre Perspektive berücksichtigt. Als Vortragender können Sie diese Zugewandtheit sprachlich auch noch unterstreichen, indem Sie bei der Formulierung von Aussagen die Perspektive der Zuhörer einbinden, statt von Ihrer Warte aus zu sprechen. Sagen Sie zum Beispiel:

- „Wie Sie hier sehen können ..." und nicht „Wie ich Ihnen jetzt zeigen möchte ..."
- „Anhand dieser Grafik können Sie erkennen ..." und nicht „Meine nächste Grafik zeigt ..."
- „Sie können sich sicher sein, dass ..." und nicht „Ich versichere Ihnen, dass ..."

Formulierungen wie diese können die Distanz zwischen dem Vortragenden und dem Publikum verringern und dazu führen, dass das Publikum den Ausführungen aufgeschlossener begegnet. Das wiederum kommt der Überzeugungskraft des Auftritts zugute.

13.2 Die richtige Sprache für Ihren Auftritt

Der Einsatz der richtigen Sprache beginnt mit etwas Grundsätzlichem: dem Bewusstsein davon, dass sich die Anforderungen an einen gesprochenen und zu hörenden Text sehr deutlich unterscheiden von denen an einen geschriebenen und zu lesenden Text. Ein Grund dafür liegt darin, dass die Zuhörer bei einem Auftritt den Text nur ein einziges Mal hören und nicht wie beim Lesen noch einmal zurückblättern können, wenn sie etwas nicht richtig verstanden haben. Auch die Struktur der Ausführungen und der Argumentation zu erfassen ist beim Hören schwieriger als beim Lesen. Querbezüge oder Rückverweise beispielsweise beziehen sich dann im linearen Verlauf des Auftritts auf Vergangenes oder Zukünftiges, an das man sich (später wieder) erinnern muss. Ein guter Auftritt ist deshalb sprachlich so gestaltet, dass die Zuhörer ihm mühelos folgen und die Aussagen beim einmaligen Hören verstehen können. Und das gilt eben auch für komplizierte Sachverhalte, komplexe Zusammenhänge und fachliche Details.

> Eine klare und für das Publikum nachvollziehbare Struktur hilft dabei, die Verständlichkeit eines Vortrags deutlich zu erhöhen.

Die Verständlichkeit der gesprochenen Sprache begünstigen Sie unter anderem dadurch, dass Sie Ihrem Auftritt eine klare, nachvollziehbare und nicht zu komplexe Struktur geben und Ihre Aussagen einfach, kurz und prägnant formulieren. Zusätzlich können Sie stimulierende Elemente verwenden, die die Aufmerksamkeit des Publikums erhöhen und in manchen Fällen auch direkt das Verständnis erleichtern. Dazu zählen zum Beispiel Visualisierungen, anschauliche Beispiele und Vergleiche, rhetorische Figuren, amüsante und/oder überspitzte Pointen und dergleichen. Ein weiterer und zentraler Aspekt, der zur Verständlichkeit beiträgt, ist das verwendete Vokabular.

Vokabular: Fach- und Fremdwörter

Auch die Wahl des geeigneten Vokabulars beginnt damit, sich etwas bewusst zu machen: Man steckt als Vortragender, wenn man mit einem bestimmten Thema sehr vertraut ist (oder sich im Zuge der Vorbereitung vertraut macht), oft bereits so tief in der Materie, dass einem viele Begriffe und Fachausdrücke (sowie Hintergründe, Bezüge und Zusammenhänge) selbstverständlich erscheinen, die anderen Menschen jedoch gänzlich unbekannt sein können. Wichtig ist es daher, sein eigenes Sprechen zu beobachten, bewusst zu hinterfragen und dann zu erkennen, wo das Spezialvokabular in der eigenen Ausdrucksweise anfängt. Dann gilt es, das für den Auftritt verwendete Vokabular und die eigene Ausdrucksweise mit dem zu erwartenden Wissensstand der Zuhörer abzugleichen und ihm anzupassen.

> Wer vor Publikum zu einem Thema spricht, ist mit diesem Thema natürlich sehr vertraut. Das verstellt manchmal den Blick darauf, dass für die Zuhörer vieles erklärungsbedürftig ist, was dem Vortragenden selbstverständlich erscheint.

Das heißt nun mitnichten, dass in einem Vortrag oder einer Präsentation grundsätzlich nur einfache und allgemeinverständliche Vokabeln verwendet werden dürfen. Wenn die Zuhörer allesamt Expertenkollegen sind, ist es natürlich vollkommen richtig und geradezu unvermeidbar, auch Fachvokabular zu verwenden. Entscheidend ist nur, dass alle Zuhörer das Gesagte zuverlässig verstehen.

Ganz ähnlich verhält es sich mit dem Einsatz von Fremdwörtern. Hier ist es ebenfalls notwendig, sich auf den Bildungs- und Wissensstand der Zuhörer einzustellen und die Fremdwörter angemessen zu verwenden. Wenn Zweifel daran bestehen, dass alle Zuhörer sie verstehen, ist es letztlich besser, sie nicht zu benutzen. Auch wenn man mit korrekt (!) verwendeten Fremdwörtern eventuell versuchen könnte, selbst etwas eloquenter und gebildeter zu erscheinen, schadet eine Beeinträchtigung der Verständlichkeit der eigenen Überzeugungskraft deutlich mehr, als der niveauvolle Eindruck wettmachen könnte.

Ist die Verwendung bestimmter Fach- oder Fremdwörter jedoch zwingend erforderlich, weil es beispielsweise keine gute allgemeinverständliche Entsprechung gibt, ist es sinnvoll, diese Begriffe bei ihrem ersten Einsatz kurz zu erklären und diese Erklärung bei Bedarf beim zweiten Vorkommen den Zuhörern noch einmal kurz ins Gedächtnis zu rufen. Für die Begriffserklärung gibt es verschiedene Möglichkeiten. Ein Begriff kann zum Beispiel von einem anderen abgegrenzt werden, um durch die Unterscheidung verständlich zu werden (beispielsweise „Emotionen" von „Gefühle"). Bei vielen Wörtern ist es auch hilfreich, kurz zu benennen, in welchem Sinne sie im vorliegenden Kontext verwendet werden, um auf diese Weise Mehrdeutigkeiten und Missverständnisse zu vermeiden. Und manchmal braucht es einfach eine klare, gut verständliche Definition, um einen Begriff einzuführen, zu erklären und dann benutzen zu können.

Vokabular: Modewörter, Anglizismen und Floskeln

Diese Methoden eignen sich jedoch nicht, um beispielsweise verwendete Modewörter oder Anglizismen zu erklären. Wenn diese erklärungsbedürftig sind, sollte man sie lieber weglassen. Hier ist sowieso grundsätzlich Vorsicht angezeigt, wenn nicht sogar grundsätzlich davon abzuraten ist. Denn Modewörter und unnötige Anglizismen wirken schnell lächerlich oder sogar anbiedernd und schmälern häufig die Aussage- und Überzeugungskraft der eigenen Ausführungen. Wir kennen doch alle diesen merkwürdigen „Management-Kauderwelsch" oder „Berater- und Marketingsprech" (auch so ein Modewort!), in dem für jedes zweite Wort im Satz das englische Pendant benutzt wird, obwohl jedem Zuhörer klar ist, dass das eine unnötige und aufgesetzte Masche ist, um irgendwie internationaler und moderner zu wirken. In Wirklichkeit wirkt es jedoch albern und überflüssig. In einem seriösen und überzeugenden Auftritt hat das nichts zu suchen – nicht zuletzt auch deshalb, weil die Gefahr besteht, dass die Zuhörer gar nicht richtig verstehen, was Sie mit diesem oder jenem Modewort oder Anglizismus genau meinen.

Keine Frage – es gibt eine Vielzahl von Anglizismen, die sich gut in unseren Sprachgebrauch eingefügt haben, verständlich und sinnvoll sind, weil sie beispielsweise eine Leerstelle im Deutschen füllen oder einen umständlichen deutschen Ausdruck durch eine prägnantere Variante ersetzen. Hier geht es deshalb auch nicht darum, Anglizismen grundsätzlich zu verteufeln. Ich plädiere nur dafür, ihren Einsatz auf die Fälle zu beschränken, in denen sie tatsächlich einen Nutzen bringen beziehungsweise so ins Deutsche eingegangen sind, dass kein Zweifel an ihrer Verständlichkeit besteht.

> Denken Sie daran, dass manche Begriffe – vor allem Modewörter und Anglizismen – auf das Publikum eher amüsant als kompetent wirken können.

Ein anderes Problem entsteht bei der Verwendung von Floskeln und geflügelten Worten oder auch von bekannten Zitaten. Viele dieser Redewendungen sind regelrecht bedeutungsleer geworden, weil sie zu oft und zu beliebig verwendet werden. Zuhörer achten überhaupt nicht mehr auf deren Sinn und Aussage, weil sie sie gar nicht mehr als Wörter und Sätze mit Bedeutung wahrnehmen, sondern nur noch als akustische Einheit, die an ihren Ohren vorbeirauscht. Nehmen Sie zum Beispiel die Phrase „übertraf unsere kühnsten Erwartungen". Wer das hört, hört meist schon halb wieder weg. Niemand denkt dabei darüber nach, wie wohl diese „kühnsten Erwartungen" ausgesehen haben mögen und warum sie überhaupt so kühn waren und was es bedeutet, wenn diese jetzt sogar übertroffen wurden. Die allermeisten Zuhörer überhören solche Floskeln und den Rest des Satzes gleich mit. – Die Aussagekraft wäre dann gleich null, womit dieser Satz zu hundert Prozent entbehrlich wäre.

Satzbau

Dem Satzbau gilt bei der Vorbereitung eines Auftritts besondere Aufmerksamkeit, denn hier kommt wieder die eingangs beschriebene Schwierigkeit zum Tragen: Die Zuhörer hören die Sätze des Vortragenden nur einmal und haben normalerweise auch keine Zeit, lange über einen Satz nachzudenken, schließlich spricht der Vortragende ja weiter. Deshalb ist es wichtig, dass sie die Struktur und den Inhalt der Sätze unmittelbar beim Hören erfassen können. Das können Sie unterstützen, indem Sie einfach strukturierte und nicht zu lange Sätze verwenden. Das heißt nicht, dass Sie ausschließlich Hauptsätze benutzen sollen. Auch Konstruktionen aus Haupt- und Nebensatz oder Nebensätzen sind möglich, solange sie übersichtlich und leicht zu erfassen sind. Gut verständlich sind zum Beispiel (nicht zu lange!) Nebensätze, die mit einer Konjunktion wie „sodass", „weil", „wodurch", „wenn" etc. eingeleitet werden. Denn durch diese Konjunktion wird die Beziehung zwischen Haupt- und Nebensatz direkt angezeigt, was es einfacher macht, den Satz strukturell und inhaltlich richtig zu erfassen. Darüber hinaus können Sie sprachliche Elemente nutzen, um Ihren Sätzen eine gut hörbare Struktur zu verleihen. Hilfreich sind beispielsweise Wortpaare wie „einerseits … andererseits", „sowohl … als auch", „weder … noch", „nicht nur …, sondern auch" etc.

Beim Hören sehr schwer zu erfassen und deshalb für Ihren Auftritt nicht geeignet sind beispielsweise:
- komplizierte Schachtelsätze mit mehreren Einschüben, zum Beispiel: „Bei meiner Reise nach Südamerika, die ich, wie schon lange geplant, vor sechs Monaten antrat, um die Lebensweise und Kultur der Indio-Völker, die mich seit meinem Studium interessieren, zu erkunden, habe ich zwei spektakuläre Entdeckungen gemacht."
- Sätze mit einem zweiteiligen und weit auseinandergezogenen Verb, zum Beispiel: „Mit diesen Maßnahmen *strukturierten* wir in kürzester Zeit die gesamte Abteilung gemäß den ermittelten Bedürfnissen und mit Blick auf die neuen Herausforderungen

neu." Oder: „Diese Entwicklung *hatte* uns trotz der zahlreichen Rückmeldungen von unseren Kollegen und Partnern und unserer umfangreichen Datenerhebung sehr *überrascht.*"

- Sätze, die eine falsche Erwartung erzeugen, zum Beispiel: „Im Vergleich zu möglichen Alternativen überzeugte uns das interessante und umfassende Angebot unseres Dienstleisters, mit dem wir bereits viele Jahre zusammenarbeiten, leider nicht."

Sätze wie diese stiften eher Verwirrung beim Publikum, als dass sie erfolgreich Informationen oder Botschaften vermitteln würden. Weil die darin enthaltenen Aussagen oder Argumente dann also höchstwahrscheinlich nicht beim Publikum ankommen, sind sie für die Wirkung Ihres Auftritts nicht von Nutzen. Daher ist es ratsam, die Texte für den Auftritt daraufhin zu überprüfen, ob sie auch für das Hörverständnis geeignet sind.

Ein guter Indikator für die „Hörbarkeit" eines Textes ist seine Sprechbarkeit. Schon beim Schreiben können Sie laut mitsprechen, was einen einfacheren und verständlicheren Schreibstil begünstigt, da sie über zu komplizierte Formulierungen direkt stolpern. Das ist wichtig, denn viele Vortragende, die ihre Ausführungen für den Auftritt schriftlich festhalten, neigen zu einer eher gestelzten und formalen Ausdrucksweise. Das geht vielen Menschen so, insbesondere, wenn das Schreiben von Texten nicht zu ihren alltäglichen Aufgaben gehört. Sie haben das Bedürfnis, sich besonders gewählt und überlegt auszudrücken, um einen möglichst guten und eloquenten Eindruck zu hinterlassen. Doch eine solche Sprache ist oft nicht das Richtige für einen überzeugenden Auftritt, sondern erschwert den Zuhörern das Verstehen und wirkt auch nicht besonders anregend.

> Wenn sich ein Text gut sprechen lässt, lässt er sich meist auch beim Hören gut verstehen.

Lesen Sie deshalb den Text für Ihren Auftritt unbedingt laut vor, beim Schreiben und hinterher auch noch einige Male. Achten Sie darauf, ob Ihnen die Sätze und Wörter flüssig über die Lippen gehen, wo Sie eventuell ins Stocken geraten oder selbst den Faden verlieren und warum das so ist. Suchen Sie gezielt nach zu vermeidenden Satzstrukturen wie den oben genannten und bauen Sie die Sätze um. Prüfen Sie, ob Sie weitere strukturierende Elemente einbauen können, die es Ihren Zuhörern leichter machen, Ihre Aussagen richtig zu erfassen. Und hinterfragen Sie kritisch, ob Ihr Vokabular zu Ihren Zuhörern passt.

Ein Hinweis noch am Rande: Das laute Vorlesen hat noch einen weiteren Vorteil. Sie haben dann nämlich alle Wörter Ihres Auftritts schon einmal laut ausgesprochen. So können Sie unangenehmen oder gar peinlichen Versprechern vorbeugen, die in der Aufregung gern einmal passieren, wenn komplizierte Namen oder Begriffe im Spiel sind. Seien Sie sich nicht zu schade, die Aussprache solcher Wörter einige Male zu üben. Das gibt Ihnen Sicherheit, für die Sie beim Auftritt dankbar sein werden.

Vor einigen Jahren wurde ich gebeten, eine Laudatio für einen Kollegen zu halten. Das tat ich natürlich gern, denn ich kannte diesen Kollegen gut und schätzte ihn sehr. Ein Problem für meine Rede stellte jedoch sein Familienname dar. Er war gebürtiger Pole, und seinen komplizierten polnischen Namen hatte ich in mindestens fünf verschiedenen Varianten gehört. Und ich hatte keine Idee, welche Variante die richtige war, zumal die Schreibweise für einen deutschsprachigen Franzosen wie mich kaum Anhaltspunkte für die korrekte Aussprache bot. Auch der Veranstalter der Preisübergabe konnte mir bei dieser Frage nicht weiterhelfen, sodass ich letztlich gezwungen war, den Kollegen selbst zu bitten, mir seinen Nachnamen am Telefon korrekt vorzusprechen. Ich sprach seinen Namen – einen echten Zungenbrecher – einige Mal nach, bis er sagte, so sei es richtig. Dann beendeten wir das Telefonat, und ich nahm den Namen sofort noch einmal auf Tonband auf, damit ich die richtige Aussprache immer parat hatte. Bei der Vorbereitung der Rede übte ich immer und immer wieder, den Namen flüssig und richtig auszusprechen – so lange, bis ich absolut sicher war, nicht drüber zu stolpern. Und tatsächlich ging bei der Rede alles gut. Bei der ersten Erwähnung des Namens erntete ich auch direkt ein wohlwollendes Lächeln vom Namensträger.

Artikulation, Sprechtempo und -lautstärke

Damit wären wir bei einem weiteren wichtigen Punkt, der die Verständlichkeit Ihrer Sprache erhöht: die Artikulation, also die Aussprache. Bei jeder Art von Auftritt ist es wichtig, deutlich zu artikulieren, also die Wörter sauber auszusprechen sowie eine angemessene Lautstärke und ein angemessenes Sprechtempo zu wählen.

Beim alltäglichen Sprechen passiert es häufig, dass wir etwas nuscheln oder einzelne Wortsilben verschlucken. Achten Sie deshalb schon beim Üben Ihres Auftritts ganz bewusst auf eine saubere Aussprache. Übertreiben Sie es dabei jedoch nicht! Sie müssen nicht *über*deutlich artikulieren, sondern nur *klar* und *deutlich*. Ihre Sprechweise soll dennoch authentisch bleiben und Ihnen leicht über die Lippen gehen, damit sie beim Auftritt nicht zum Stolperstein wird.

> Eine deutliche Artikulation verbessert die Verständlichkeit Ihrer Worte.

Eng verbunden mit einer deutlichen Artikulation ist das Sprechtempo. In den allermeisten Fällen von einem falschen Sprechtempo reden die Vortragenden zu schnell, allein schon wegen der Aufregung. Bei einem zu hohen Sprechtempo wird es für die Zuhörer allerdings schwieriger, den Ausführungen zu folgen und sie wirklich zu verstehen. Auch steigt die Gefahr einer undeutlichen Artikulation. Wie bei den meisten Schwierigkeiten hilft auch hier vor allem zu üben. Es kann sehr aufschlussreich sein, sich Aufnahmen vom eigenen Sprechen anzuhören. Dabei zeigt sich oft, dass man das Tempo beim Sprechen als eher gemächlich empfunden hat, erst beim Hören stellt sich dann heraus, dass es doch etwas zu schnell war. Wenn Sie trotz Übens noch unsicher sind, nehmen Sie einen Freund oder Kollegen mit zum Auftritt und verabreden Sie mit ihm ein dezentes Zeichen, mit dem er Ihnen anzeigt, wenn Sie zu schnell sprechen.

Nützlich ist auch der ganz bewusste Einbau von Sprechpausen, die auch im Redemanuskript gut sichtbar markiert sein sollten. Pausen erzeugen mehr Ruhe (auch beim Vortragenden) und geben dem Publikum Gelegenheit, das Gehörte ein wenig sacken zu lassen oder sich Notizen zu machen. Der Vortragende schafft sich dadurch die Möglichkeit, kurz durchzuatmen und seine Gedanken zu sammeln oder bei Bedarf den roten Faden wieder aufzunehmen. Oder Sie nutzen die Pause, um einen Blick ins Publikum zu werfen und zu überprüfen, ob Sie verstanden werden.

Pausen sind darüber hinaus auch ein rhetorisches Mittel, mit dem Sie bei Ihrem Auftritt Akzente setzen oder dramaturgische Effekte erzielen können. Mit einer gut platzierten Pause lässt sich zum Beispiel Spannung erzeugen, die einen Höhepunkt vorbereitet. Und mit einer kurzen Pause vor einem einzelnen Wort wird dieses Wort stark hervorgehoben. Eine Pause nach einer provokanten These oder Frage unterstreicht deren Wirkung und schafft Raum, damit sich die beabsichtigte Provokation entfalten kann. Pausen können Sie jedoch auch einsetzen, um die Struktur Ihrer Sätze zu verdeutlichen und Kommas, Gedankenstriche oder das Satzende klar zu markieren.

> **Kurze Sprechpausen helfen Ihnen und Ihrem Publikum: Sie können kurz durchatmen und sich neu sortieren, und Ihre Zuhörer haben die Gelegenheit, die Informationen zu verarbeiten.**

Für alle Vortragenden kaum zu glauben und dennoch wahr: Sprechpausen mit einer Länge von bis zu acht Sekunden werden vom Zuhörer noch gar nicht als Unterbrechung wahrgenommen. Das ist eine Menge Zeit. Bauen Sie beim Üben Ihres Auftritts die Pausen schon mit ein, zählen Sie dabei ruhig einmal die Sekunden und versuchen Sie, wirklich einige Sekunden auszuhalten.

Die richtige Lautstärke beim Sprechen lässt sich hingegen in vielen Fällen nur schwer üben, da sie selbstverständlich abhängig ist von der Größe des Publikums und von dem Raum, in dem Sie sprechen. Wenn Sie die Möglichkeit haben, testen Sie vor Ihrem

Auftritt, wie laut Sie sprechen müssen, damit alle Zuhörer Sie gut hören können. Wenn Sie diese Möglichkeit nicht haben und unsicher sind, fragen Sie zu Beginn Ihres Auftritts einfach das Publikum, ob Sie gut zu hören sind. Dazu können Sie zum Beispiel gezielt die Zuhörer in der letzten Saalreihe ansprechen und befragen. Erstaunlicherweise ist zu leise zu sprechen nur noch selten ein Problem, da bei den meisten Auftritten auch Mikrofone zur Verfügung stehen. Doch gerade ungeübte Sprecher sprechen oft zu laut ins Mikro, weil sie keine Erfahrung mit der Verstärkung haben. Oder sie atmen sehr laut ins Mikro hinein, was auch störend sein kann. Wenn Sie die Möglichkeit haben, vor Ort etwas zu üben und die richtige Lautstärke auszutesten, dann nutzen Sie sie!

Anders als man vielleicht vermuten würde, ist es manchmal gar nicht zwingend erforderlich, bei einem Auftritt immer reines Hochdeutsch zu sprechen. Bei der Eröffnung eines großen Musikfestivals sah ich einmal die Rede von einem Herrn, der gut hörbar aus Bayern stammte. Ganz offensichtlich bemühte er sich um ein allgemeinverständliches Deutsch, doch die bayerischen Einfärbungen im Klang der Wörter und in der Melodie der Sätze waren deutlich zu hören. Das beeinträchtigte die Wirkung seiner Rede über die Musik Mendelssohns jedoch in keinster Weise. Ganz im Gegenteil sogar. Man spürte, dass das Publikum heiter und aufgeschlossen war und dem Redner voller Sympathie und sehr aufmerksam zuhörte. Und auch auf mich wirkte der Redner sehr natürlich und authentisch und zudem ausgesprochen engagiert. Mein Eindruck war, dass der Redner gerade durch den Dialekt viel persönlicher und verbindlicher auftrat, als wenn er ein tadelloses Hochdeutsch gesprochen hätte. Wichtig war natürlich, dass wir ihn alle immer verstehen konnten. Doch dass er einen leichten Dialekt sprach, war in diesem Fall kein Makel, sondern ein Vorzug.

Für eine gute Artikulation brauchen Sie auch eine gute Atemtechnik, weil der Fluss und die Tiefe des Atems großen Einfluss auf das Sprechen haben. Vor Aufregung atmen viele Vortragende zu flach, was zur Folge hat, dass sie zu wenig Luft haben, um eine Sinneinheit mit einem Atemzug abzuschließen, und dann an ungünstigen Stellen Luft holen müssen. So entsteht dann an der falschen Stelle der Eindruck einer Betonung oder einer Pause, was unter Umständen den Sinn einer Aussage verändern kann. Wer zu wenig Luft hat, neigt auch eher dazu, schnell zu sprechen, mit den genannten Folgen. Eine ruhige und tiefe Zwerchfellatmung unterstützt hingegen die Artikulation und auch die Kontrolle über das Sprechtempo. Außerdem hilft sie dabei, die Anspannung und das etwaige Lampenfieber zu mäßigen und insgesamt ruhiger und kontrollierter zu werden. – Achten Sie deshalb (schon beim Üben) darauf, stets ruhig und tief in den Bauch hinein zu atmen, anstatt nur kurz in den Brustkorb zu atmen. Wenn Ihnen das schwerfällt, können Sie auch spezielle Atemübungen machen, die Ihnen helfen, die richtige Atmung zu trainieren.

> Eine gute Atemtechnik erleichtert Ihnen das Sprechen und verbessert Ihre Artikulation.

14. Ohne Glaubwürdigkeit keine Überzeugungskraft

Damit Ihre Argumente wirklich überzeugen und Ihre Sprache ihre Wirkung tatsächlich entfalten kann, brauchen Sie als Vortragender in jedem Fall ein hohes Maß an persönlicher Glaubwürdigkeit. Denn die schönsten Sätze und die cleversten Argumente sind völlig nutzlos, wenn die Zuhörer Ihnen keinen Glauben schenken wollen. Doch Glaubwürdigkeit ist natürlich nicht nur für die Überzeugungskraft eines Auftritts von Bedeutung. Jede Art von Beziehung – ob beruflich oder privat – braucht Glaubwürdigkeit, damit ein vertrauensvolles und verbindliches Miteinander gelingen kann.

14.1 Wenn es an Glaubwürdigkeit mangelt

Fehlt es den Beziehungspartnern an Glaubwürdigkeit, können schnell Misstrauen, Skepsis und auch Widerstände entstehen. Nehmen Sie zum Beispiel einen Vorgesetzten, der seinen Mitarbeitern im Brustton der Überzeugung versichert, dass er bei der Geschäftsführung noch heute die unhaltbare Überstundensituation ansprechen wird, am nächsten Tag dann jedoch nur lapidar sagt, es hätte keine passende Gelegenheit gegeben, das Thema bei der Geschäftsführung vorzubringen. – Nehmen die Mitarbeiter ihm noch ab, dass er tatsächlich und aufrichtig Anteil nimmt an ihrer belastenden Situation durch die vielen Überstunden? Glauben sie weiterhin, dass er zu dem steht, was er sagt? Wie viel Vertrauen werden sie zukünftig wohl in die Führungsstärke dieses Vorgesetzten setzen? Wird er beim nächsten Konflikt mit der Geschäftsführung auch direkt einknicken? Sind seine

> Ein Mangel an Glaubwürdigkeit führt zu Misstrauen und Skepsis und provoziert Widerstände.

Aussagen überhaupt für bare Münze zu nehmen? Sollte man sich als Mitarbeiter vielleicht lieber gleich an jemand anderen wenden, wenn man eine Frage oder ein Problem hat? – Schon diese wenigen Fragen zeigen, dass ein Glaubwürdigkeitsverlust in einer solchen Situation fatale Folgen nach sich ziehen kann. Und es ist durchaus möglich, dass am Ende einer solchen Entwicklung ein Zerwürfnis der Parteien steht, was dem Arbeitsklima genauso schaden wird wie der Qualität der Zusammenarbeit und eine Führungskraft im schlechtesten Fall sogar ihren Job kosten kann.

Oder Sie lesen die Broschüre eines Unternehmens, das komplizierte und hochpreisige technische Geräte verkaufen will, und stolpern darin über mehrere Tippfehler, schludrig gelayoutete Seiten und einige sich widersprechende technische Angaben in den Produktbeschreibungen. Wie viel Glauben schenken Sie dann der Aussage des Verkäufers, dass das Unternehmen stets mit größter Sorgfalt und Sachkompetenz arbeitet und den Kunden nur die allerbesten Produkte liefert? Wirken der Verkäufer und das Unternehmen angesichts dieses Widerspruchs auf Sie glaubwürdig? Und wie beeinflusst das Ihr Vertrauen in die Qualität des Angebots?

Diese Beispiele sind nur zwei von vielen denkbaren Konstellationen, in denen Glaubwürdigkeit letztlich über Gelingen oder Scheitern einer Beziehung entscheiden kann. Festzuhalten ist, dass sowohl in privaten als auch in beruflichen und geschäftlichen Beziehungen ein Verlust oder Mangel an Glaubwürdigkeit schnell dazu führen kann, dass Aussagen, Informationen, Ankündigungen, Zusagen, Erklärungen, Versprechungen etc. der betreffenden Person in Zweifel gezogen oder mit Skepsis betrachtet werden. Das Verhältnis zwischen den Beteiligten bleibt dann aufgrund der fehlenden Verbindlichkeit meist reserviert und wenig vertrauensvoll. Geschäftliche Beziehungen werden dann meist schnell beendet, private oder berufliche Beziehungen werden belastet und drohen häufig ebenfalls zu zerbrechen.

Das lässt sich auch auf die Situation eines Auftritts übertragen. Schließlich stehen auch hier der Vortragende und das Publikum in einer Art Beziehung, für deren Verbindlichkeit die persönliche Glaubwürdigkeit des Vortragenden von großer Bedeutung ist. Zumal mit einem Auftritt ja auch bestimmte Ziele verbunden sind. Und wenn Zuhörer überzeugt oder zu einer Entscheidung oder Handlung bewegt werden sollen, ist es unerlässlich, dass sie den Vortragenden und seine Ausführungen als glaubwürdig wahrnehmen.

14.2 So gelingt der glaubwürdige Auftritt

Glaubwürdigkeit ist nun eine Eigenschaft, die man sich durch Verlässlichkeit, Integrität, Aufrichtigkeit, Vertrauenswürdigkeit und verantwortungsbewusstes Handeln langfristig erarbeitet. Sie wird einem von anderen zugeschrieben, man kann sie sich nur verdienen. Insofern beginnt die Arbeit an der eigenen Glaubwürdigkeit normalerweise lange vor einem Auftritt.

> Glaubwürdigkeit kann man sich nur verdienen.

Sitzen im Publikum nun jedoch überwiegend fremde Menschen, haben Sie nicht viel Zeit, sich als glaubwürdig zu erweisen. Sicher, Sie haben einen gewissen Vertrauensvorschuss, weil Sie schließlich als Referent ausgewählt wurden. Unter Umständen haben Sie bereits einen Expertenstatus, was Ihnen selbstverständlich zusätzliche Glaubwürdigkeit vermittelt. Doch darüber hinaus fehlen den Zuhörern wichtige Informationen und Erfahrungswerte, die üblicherweise über die Glaubwürdigkeit einer Person entscheiden. Dem Publikum bleibt in diesem Fall nur, sich auf die eigene Menschenkenntnis zu verlassen und alle Antennen auszufahren, um beim Vortragenden etwaige Anzeichen für (oder gegen) Glaubwürdigkeit aufzuspüren. Sie, Ihr Auftreten und Ihre Worte werden also vom Publikum, ob Sie es wollen oder nicht, sehr genau unter die Lupe genommen.

Deshalb kommt es darauf an, so aufzutreten, dass Sie als glaubwürdig wahrgenommen werden und etwaige Vorschusslorbeeren nicht wieder verspielen. Dafür können Sie während des Auftritts einiges tun:

- **Eine verständliche Sprache verwenden:** Wenn das Publikum Sie nicht versteht, wird es Ihnen auch nicht glauben. Eine verständliche Sprache ist für einen glaubwürdigen und überzeugenden Vortrag deshalb unverzichtbar. Versetzen Sie sich deshalb unbedingt in die Perspektive Ihres Publikums und passen Sie Ihre Sprache entsprechend an.

- **Sprachliche und inhaltliche Fehler vermeiden:** Weil Kompetenz Glaubwürdigkeit vermittelt, ist es wichtig, die eigene Kompetenz durch korrekte Informationen und eine präzise Ausdrucksweise zu unterstreichen. Falsche Daten und Fachbegriffe oder falsch ausgesprochene Namen erzeugen beim Publikum hingegen Skepsis und beeinträchtigen die Glaubwürdigkeit des Vortragenden.

- **Widerspruchsfrei vortragen und antworten:** Selbstverständlich dürfen sich Ihre verschiedenen Aussagen nicht widersprechen, insbesondere auch nicht im Verlauf einer anschließenden Diskussion oder im Vergleich zu früheren Auftritten. Das zieht häufig alle anderen Aussagen mit in Zweifel und untergräbt Ihre Glaubwürdigkeit nachhaltig. Glaubwürdigkeit entsteht hingegen, wenn Sie auch Ihre persönliche Meinung verbindlich vertreten und beispielsweise bei kritischen Nachfragen nicht gleich zurückrudern (es sei denn, es gibt nachvollziehbare Gründe für eine Meinungsänderung).

- **Auf Floskeln verzichten:** Die meisten floskelhaften Formulierungen klingen abgedroschen und alles andere als aufrichtig. Sie tragen nichts zur Glaubwürdigkeit und Überzeugungskraft eines Vortragenden bei, beeinträchtigen diese sogar.

- **Auf Übertreibungen verzichten:** Übertreibungen, die in keinem Verhältnis zu den Tatsachen stehen, führen zu einem rapiden Glaubwürdigkeitsverlust. Der unangemessene Gebrauch von Superlativen (das Beste, Schönste, Neueste usw.) ist daher nicht empfehlenswert.

- **Eine abwechslungsreiche und lebendige Sprache verwenden:** Mit einer lebendigen und abwechslungsreichen Sprache verbinden Zuhörer Kompetenz und Intelligenz. Beides fördert Ihre Glaubwürdigkeit. Durch die Verwendung einer anregenden und bildhaften Sprache erhöhen Sie zudem die Aufmerksamkeit des Publikums und verbessern das allgemeine Verständnis.

- **Verbindliche Formulierungen verwenden:** Formulieren Sie Ihre eigenen Aussagen klar und verbindlich, anstatt mit abschwächenden Wörtern wie „eigentlich", „irgendwie", „womöglich" oder Formulierungen wie „ich glaube ..." oder „im Prinzip ..." jeden zweiten Satz selbst wieder zu relativieren. So unterstreichen Sie, dass Sie sich Ihrer Sache sicher sind und dass Ihre Aussagen Bestand haben.

- **Körpersprache stimmig einsetzen:** Wenn Ihre verbalen Aussagen und Ihre Körpersprache stimmig zueinanderpassen, steigt damit Ihre Überzeugungskraft. Widersprüche erzeugen hingegen Misstrauen und beeinträchtigen die Glaubwürdigkeit. Hebt ein Redner zum Beispiel ausdrücklich hervor, wie wichtig die folgende Grafik und die darin abgebildeten Zahlen sind, wendet sich dann aber von der Grafik ab und schaut abwesend auf etwas ganz anderes, wird das Publikum die besondere Bedeutung der Grafik wahrscheinlich in Zweifel ziehen.

- **Auf unnötige Details verzichten:** Eine Präsentation (Referat oder Ähnliches) soll die Zuhörer zwar umfassend informieren, doch wenn sich ein Vortragender in nebensächlichen Detailfragen verliert, sinkt nicht nur die Aufmerksamkeit des Publikums, sondern auch die Glaubwürdigkeit des Vortragenden. Denn er ist offensichtlich nicht in der Lage, das Wesentliche auf den Punkt zu bringen, und kennt sich möglicherweise auf dem Gebiet des Vortrags nicht richtig aus. Das schürt Misstrauen und Skepsis.

- **Fehler und Pannen nicht vertuschen:** Dass bei Auftritten kleinere und größere Pannen passieren können, ist kein Geheimnis. Verzichten Sie in solchen Fällen unbedingt auf den Versuch, eine Panne, ein Missgeschick oder auch einen sachlichen

Fehler im Vortrag zu vertuschen oder gar zu leugnen. Damit schaden Sie nämlich in erster Linie Ihrer Glaubwürdigkeit und Überzeugungskraft. Besser ist es, das Missgeschick oder den Fehler offen anzusprechen und, wenn möglich, zu korrigieren. Insbesondere für sachliche Fehler, die von den Zuhörern aufgedeckt wurden, empfiehlt es sich, diese offenzulegen, sich für den wichtigen Hinweis zu bedanken und die Korrektur direkt in den Vortrag einzubinden.

■ **Authentisch bleiben:** Authentizität ist eine wesentliche Voraussetzung für Glaubwürdigkeit, da ein aufgesetztes Verhalten schnell gekünstelt wirkt und die Zuhörer den Eindruck gewinnen können, dass man ihnen hier etwas vortäuschen will, was nicht den Tatsachen entspricht. Das weckt schnell Argwohn und Vorbehalte gegenüber dem Vortragenden und dem, was er zu sagen hat. Authentische Verhaltensweisen hingegen stärken die Verbindlichkeit und Vertrauenswürdigkeit des Vortragenden und des Vorgetragenen.

■ **Gute Argumente vorbringen:** Fundierte und plausible Argumente, die aus Sicht des Publikums überzeugend sind, sind immer glaubwürdiger als bloße Behauptungen.

■ **Emotional beteiligt statt kühl distanziert:** Wenn ein Vortragender auch emotional und voller Begeisterung bei der Sache ist, spürt das Publikum echtes Engagement und lässt sich leichter mitreißen und überzeugen. Wichtig für die Glaubwürdigkeit ist auch hier ein authentisches Verhalten. Gespielte Emotionen und aufgesetzte Begeisterung wirken schnell befremdlich und beeinträchtigen die Glaubwürdigkeit massiv.

■ **Keine Manipulationsversuche:** Der Versuch, die Zuhörer zu manipulieren und so beispielsweise Entscheidungen oder Überzeugungen herbeizuführen, die ohne Manipulation nicht zustande gekommen wären, ist aus zweierlei Gründen fehl am Platze: 1. Einsichten und Entscheidungen, die aufgrund von Manipulation entstanden sind, sind nicht nachhaltig, sondern sehr flüchtig. 2. Wer erkennt, dass er manipuliert wurde oder manipuliert werden soll, nimmt sofort eine Abwehrhaltung ein. Der Vortragende verliert schlagartig seine Glaubwürdigkeit, und an einen überzeugenden Auftritt ist nicht mehr zu denken.

Ein Vortragender, der diese Hinweise beherzigt, wird seine persönliche Glaubwürdigkeit stärken und nicht Gefahr laufen, seine Glaubwürdigkeit aufs Spiel zu setzen. Damit schafft er die notwendigen Voraussetzungen, um sein Publikum zu überzeugen und die Zielstellungen seines Auftritts zu verwirklichen.

15. | Visualisierungen: Auswahl und Umsetzung

Präsentationen – also Vorträge mit Medienunterstützung – haben vor allem im Berufsleben einen hohen Stellenwert erlangt. Denn sie verbinden drei wichtige Aspekte miteinander: 1) Den Zuhörern sollen Wissen und Informationen vermittelt werden. 2) Die Zuhörer sollen von etwas überzeugt und zu einer Entscheidung oder Handlung veranlasst werden. 3) Der Vortragende hat die Gelegenheit, sich selbst in Szene zu setzen. Und weil Visualisierungen und der Einsatz von Medien wesentliches Charakteristikum einer Präsentation sind und zudem die technischen Möglichkeiten immer vielfältiger werden, stehen viele Vortragende vor der Frage: Wie setze ich visuelle Hilfsmittel sinnvoll ein und worauf muss ich bei der Erstellung von Visualisierungen achten? – Dieses Kapitel gibt Antworten auf diese Fragen.

Für Präsentationen gibt es verschiedene bildhafte Elemente, mit denen Inhalte visualisiert werden können. Dazu gehören:

- Fotos, Zeichnungen oder Modelle, die konkrete Objekte oder Personen abbilden
- Diagramme, Tabellen und Schaubilder, die abstrakte Inhalte veranschaulichen
- Landkarten und Stadtpläne, die geografische Angaben verorten
- Gliederungen und Aufzählungen, die Wörter oder Wortgruppen zusammenfassen
- grafische Symbole, die Objekte oder Sachverhalte versinnbildlichen
- Cartoons oder Karikaturen, die die Aufmerksamkeit der Zuhörer wecken

Elemente wie diese können als stehendes Bild oder auch als Bewegtbild, also als Video oder Animation, eingesetzt werden. Außerdem können sie einzeln verwendet oder miteinander kombiniert werden.

Auch wenn das Thema Visualisierung mit dem Einzug der Computertechnik noch einmal einen Schub bekommen hat, sind Visualisierungen natürlich keine Erfindung des digitalen Zeitalters. Lange, lange vorher haben Flipchart, Overheadprojektor und Tafel den Präsentatoren gute Dienste geleistet. Dank des Computers ist es jetzt jedoch wesentlich einfacher geworden, auch ästhetisch anspruchsvolle Visualisierungen zu erstellen. Hat man früher Tabellen und Diagramme handschriftlich mit Filzstift und Lineal auf Folien gemalt, stehen heute jedem Präsentator professionelle digitale Gestaltungsmittel zur Verfügung. Am Computer lassen sich Tabellen, Diagramme, Texte und Präsentationsfolien mit überschaubarem Aufwand erstellen und sehr ansprechend gestalten. Dass das nicht automatisch heißt, dass die Präsentationsmedien auch tatsächlich sinnvoll und ansprechend gestaltet sind, kennen Sie wahrscheinlich genauso wie ich aus eigener Anschauung. Insofern entbinden die technischen Möglichkeiten den Vortragenden nicht davon, sich mit einigen Grundsätzen und Regeln für die Erstellung, die Gestaltung und den Einsatz von Visualisierungen vertraut zu machen. Dazu gehört auch, sich vor Augen zu führen, was Visualisierungen für die Zuhörer, den Vortragenden und für die Inhalte der Präsentation leisten können und was für oder gegen ihren Einsatz spricht.

> Visualisierungen sind keine Erfindung des Computerzeitalters.

15.1 Was Visualisierungen leisten können

Visualisierungen können die Vermittlung von Informationen und Botschaften in hohem Maße unterstützen. Im Optimalfall erhöhen sie einerseits die Aufmerksamkeit der Zuhörer und lenken sie auf die entscheidenden Sachverhalte, andererseits verdichten sie Daten und Aussagen so, dass die Zuhörer sie besser aufnehmen und verarbeiten können. So lassen sich auch größere Informationsmengen oder komplizierte Beziehungen gut darstellen und vermitteln. Wer beispielsweise die Umsatzzahlen der vergangenen 20 Geschäftsjahre einzeln aufgezählt bekommt, wird diese kaum in ihrer Gänze aufnehmen und zueinander in Beziehung setzen können. Wer jedoch eine entsprechende Kurvengrafik sieht, wird schnell erfassen, ob es mit dem Unternehmen bergauf ging oder nicht. Sind dann dazu noch die Kurvenverläufe der beiden wichtigsten Konkurrenzunternehmen zu sehen, ergibt sich eine komplexe Aussage, die mit Worten deutlich schwieriger zu transportieren wäre.

> Gute Visualisierungen helfen dabei, komplexe Zusammenhänge deutlich und auf einen Blick erfassbar zu machen.

Visualisierungen ermöglichen es dem Zuhörer also, sich im wahrsten Sinne des Wortes ein Bild zu machen von einem Sachverhalt und die Informationen besser und schneller zu erfassen. Dabei sind bildliche Darstellungen zumeist auch aussagekräftiger als langwierige Formulierungen, sodass die Zuhörer das Vorgetragene besser verstehen. Das gilt insbesondere für abstrakte und komplexe Zusammenhänge, die sich mit Visualisierungen wesentlich verständlicher darstellen lassen (wodurch sich auch die Redezeit verkürzt, was ein Publikum in jedem Fall zu schätzen weiß). Darüber hinaus wirken grafische Darstellungen sachlicher und objektiver, was die Überzeugungskraft der Inhalte und des Präsentators zusätzlich stärkt. Außerdem werden die so aufgenommenen Inhalte auch fester im Gedächtnis des Publikums verankert und lassen sich später einfacher abrufen und wiedergeben.

Der Zuhörer kann mit diesen Informationen also mehr anfangen. In der Folge kann der Vortragende seine eigenen Botschaften und Informationen effektiver und nachhaltiger vermitteln und so seine Präsentationsziele zuverlässiger erreichen.

Ein Grund für diese Effekte liegt darin, dass die Behaltensquote beim Menschen nachgewiesenerweise im Zusammenhang steht mit der Anzahl und der Art der angesprochenen Sinne.[1] Demnach behält der durchschnittliche Mensch etwa:

- 10 Prozent von dem, was er liest;
- 20 Prozent von dem, was er hört;
- 30 Prozent von dem, was er sieht;
- 50 Prozent von dem, was er hört und sieht;
- 70 Prozent von dem, was er selbst sagt;
- 90 Prozent von dem, was er selbst ausführt.

Wenn bei einer Präsentation Augen und Ohren der Zuhörer durch den gesprochenen Vortrag und ergänzende Visualisierungen gleichermaßen angesprochen werden, erhöht sich die Behaltensquote also deutlich im Vergleich zu einem Vortrag, den das Publikum nur hört. Das sind gewichtige Gründe für den Einsatz visueller Mittel.

Hinzu kommt, dass die Visualisierungen auch für den Vortragenden einen direkten Nutzen haben. Sie können ihm nämlich als roter Faden dienen, der ihn durch den Auftritt führt. Selbst ein kleiner Blackout lässt sich rasch überwinden, wenn die nächste Grafik klar und deutlich vorgibt, wo es langgeht, und etwas Stoff liefert für einige Sätze, die einen wieder auf Kurs bringen. Außerdem hat auch der Vortragende selbst die Inhalte besser verinnerlicht, wenn er zuvor die Informationen für die visuelle Darstellung ausgewählt und verdichtet hat. Er hat sich dabei nämlich intensiver damit

Visualisierungen sind auch für den Vortragenden selbst von Nutzen.

---

1 Hofmeister, Roman: *Handbuch der Redekunst.* S. 100.

auseinandergesetzt als beim bloßen Niederschreiben (oder Herauskopieren) der Fakten als Text. Das gibt ihm bei seinem Auftritt mehr Sicherheit, die auch das Publikum bemerkt, was wiederum seine Überzeugungskraft stärkt. Ein souveräner und gekonnter Einsatz der Medien wirkt darüber hinaus kompetent und sehr professionell. Auch die Lebendigkeit und Abwechslung, die Visualisierungen einem Auftritt verleihen, wirken sich positiv auf die Wirkung des Vortragenden aus. – Es lohnt sich also in jedem Fall zu überprüfen, ob ein anstehender Auftritt mit Visualisierungen bereichert werden kann.

Eine solche Prüfung ist auch deshalb wichtig, weil es beim Einsatz von Visualisierungen auch einige Fallstricke gibt, die die Wirkung eines Auftritts und die Überzeugungskraft des Vortragenden beeinträchtigen können. Zum Beispiel:

■ Eine nachlässige Gestaltung der visuellen Elemente verursacht beim Publikum Irritationen und Missverständnisse und erschwert die Verständlichkeit der Ausführungen.

■ Wenn die Auswahl der visualisierten Inhalte nicht richtig durchdacht wurde, werden die visualisierten Informationen fälschlicherweise für wichtiger gehalten als die nur mündlich vorgetragenen.

■ Wenn zu viele Inhalte visualisiert werden, ist die Präsentation überfrachtet, und die Zuhörer können den Ausführungen nicht richtig folgen. Die visuellen Elemente erschlagen die Inhalte der Präsentation.

■ Wenn der Vortragende mit der Technik überfordert ist, wirkt er unsicher und inkompetent und bringt sich unter Umständen selbst aus dem Konzept.

■ Wenn die Präsentation technisch zu aufwändig ist, muss sich der Vortragende sehr viel mit der Technik beschäftigen und hat keine Zeit, auf die Zuhörer und ihre Reaktionen zu achten.

■ Ist der Vortragende nicht vorbereitet auf den Fall, dass die Technik ausfällt, kann er im Fall des Falles schwer ins Straucheln geraten.

Visualisierungen machen eine Präsentation eben nicht automatisch besser. Umso wichtiger ist es, bei der Vorbereitung gründlich (und auch selbstkritisch) abzuwägen, ob ihr Einsatz Erfolg verspricht oder nicht. Und ein guter Vortrag ohne visuelle Hilfsmittel ist in jedem Fall besser als eine schlechte Präsentation mit visuellen Hilfsmitteln.

15.2 Geeignete Inhalte und Medien auswählen

Egal, ob Sie eine PowerPoint-Präsentation vorbereiten oder eine Präsentation, bei der Sie Ihre Visualisierungen beispielsweise mithilfe eines Flipcharts umsetzen, am Anfang steht die Frage: Welche Informationen soll ich visualisieren? Das ist ein wichtiger Bestandteil Ihrer Vorbereitung und lässt sich systematisch abarbeiten, sobald Sie alle Inhalte Ihrer Präsentation vollständig vorliegen haben. Leitend sollte dabei stets sein, dass die Visualisierung einen klaren Nutzen gegenüber der rein sprachlichen Vermittlung hat.

An erster Stelle stehen Sachverhalte, die sich mit Worten nur schwer oder unzureichend oder sehr umständlich vermitteln lassen, sodass eine gute Visualisierung das Verstehen begünstigt. Dazu gehören zum Beispiel:

- komplexe Zusammenhänge, Strukturen oder Beziehungen
- abstrakte Ideen
- umfangreiche Zahlangaben oder komplizierte Zahlenverhältnisse
- zeitliche Abläufe und Entwicklungen
- Objekte oder Personen
- Vergleiche und Gegenüberstellungen
- Standorte, Gebiete und Strecken

Weitere Kandidaten sind außerdem die Inhalte, denen eine besondere Bedeutung zukommt und die mithilfe der Visualisierung besonders hervorgehoben werden sollen, wie zum Beispiel (Arbeits-)Ergebnisse, Fragen, Ziele, Fazits, Anweisungen, Einsparungen, Neuheiten, Pläne, Leitbilder etc. Und auch Inhalte, mit deren Visualisierung die Präsentation aufgelockert und belebt werden kann, können in die engere Auswahl kommen.

Zum Thema Auflockerung fällt mir eine Präsentation ein, die ich mir anschaute, um einen neuen Klienten kennenzulernen. Als Führungskraft hielt er eine Präsentation vor Kollegen und Vorgesetzten, in der er die Strategie seiner Führungsarbeit erläuterte. Zu Beginn des letzten Drittels seines Auftritts projizierte er ziemlich überraschend ein Fußballfeld an die Wand und verdeutlichte dann seine strategischen Ideen mithilfe des Fußballfelds, einer Mannschaftsaufstellung und mit taktischen Skizzen für den Spielereinsatz. Das verschaffte ihm auch zum Ende der Präsentation noch einmal viel positive Aufmerksamkeit. Die meisten Zuhörer setzten sich noch einmal etwas aufrechter hin, schauten erwartungsvoll und mit einem leichten Lächeln im Gesicht zum Präsentator. Die Fußballanalogien passten zwar nicht immer hundertprozentig, doch die Visualisierungsidee war gut und unterhaltsam und zeigte die beabsichtigte Wirkung.

Mithilfe dieser Kategorien können Sie die Inhalte Ihrer Präsentation identifizieren, die sich für eine Visualisierung eignen oder für die eine Visualisierung sogar notwendig ist. Und in diesen Fällen ist auch sichergestellt, dass die Visualisierung kein Selbstzweck ist, sondern den Zuhörern und der Präsentation einen Nutzen bietet, weil sie entweder Sachverhalte besser verstehen oder Bedeutungen sicherer erkennen können oder weil sie (unterhaltsame) Anregungen und Impulse erhalten, die ihre Aufmerksamkeit wecken und aufrechterhalten.

Dass Visualisierungen nicht zum Selbstzweck werden sollen, ist ein wichtiger Aspekt, den allzu viele Präsentatoren angesichts der fantastischen technischen und gestalterischen Möglichkeiten gern einmal vergessen. Doch es gilt:

■ Visualisierungen sollen den mündlichen Vortrag unterstützen und bereichern, sie dürfen ihn nicht verdrängen!

- Visualisierungen sind nur sinnvoll, wenn sie nützlich sind für die Informationsvermittlung!
- Im Vordergrund stehen der Vortragende und seine Informationen und Botschaften, nicht die Medien oder die Technik!
- Es geht nicht um technische Spielereien, sondern um den gezielten Einsatz der Medien!
- Die Technik ist kein Schutzschild, hinter dem sich der Vortragende verstecken kann!
- Die Technik ist nicht der Herr, dem der Vortragende zu dienen hat, sondern umgekehrt!
- Nicht alles, was technisch möglich ist, muss auch gemacht werden!

Womit wir bei einer weiteren wichtigen Frage wären, nämlich bei der Frage nach den geeigneten (technischen) Hilfsmitteln. Die richtige Auswahl orientiert sich vor allem an den Rahmenbedingungen der Präsentation und an den eigenen Fähigkeiten und Möglichkeiten. Fragen Sie sich deshalb bei der Konzeption Ihrer Visualisierungen:

- In welchem Raum und vor wie vielen Zuschauern findet die Präsentation statt? Welche (technischen) Hilfsmittel kommen hier infrage, welche nicht?
- Welche Hilfsmittel sind am Präsentationsort verfügbar oder lassen sich problemlos dorthin bringen?
- Sind alle Geräte kompatibel mit meinen Präsentationsdateien?
- Steht der Nutzen für die Präsentation in einem sinnvollen Verhältnis zum technischen und organisatorischen Aufwand?
- Beherrsche ich die Bedienung der Hilfsmittel, die ich einsetzen will, sicher und souverän? Kann ich auch etwaige technische Probleme selbst lösen?
- Funktionieren die Hilfsmittel (am Präsentationsort) zuverlässig? Ist zum Beispiel WLAN erforderlich und stabil verfügbar?
- Brauche ich die Möglichkeit, spontan Änderungen / Ergänzungen an den Visualisierungen vorzunehmen?
- Mit welchem Hilfsmittel kann ich das Publikum überraschen?

Die Antworten auf diese Fragen helfen Ihnen, das geeignete (technische) Hilfsmittel für Ihren Auftritt zu ermitteln, sodass Sie anschließend Ihre Visualisierungen gezielt auf die technischen Bedingungen abstimmen können.

In diesem Zusammenhang möchte ich einmal ganz ausdrücklich darauf hinweisen, dass es nicht immer Computer und Projektor sein müssen, mit denen Sie Ihre Präsentation bestreiten. Auch die bewährten analogen Präsentationsmedien lassen sich immer noch gut einsetzen und können unter bestimmten Bedingungen gegenüber den digitalen Kollegen mit so manchem Vorteil aufwarten. Nehmen Sie zum Beispiel den klassischen Flipchart: Sie brauchen keinen Strom, kein Internet, keinen Computer, keinen Projektor – nur den Flipchart und drei oder vier Stifte. Er ist robust und nicht teuer in der Anschaffung. Seine Handhabung ist kinderleicht und muss vorher quasi nicht geübt werden. Es kann praktisch nichts schiefgehen, solange genügend Papier verfügbar ist und die Stifte ausreichend Tinte haben. Sie haben das Medium immer griffbereit und können es je nach Situation einsetzen. Und Sie können sowohl vorbereitete als auch spontane Visualisierungen einbinden und Anregungen aus dem Publikum aufnehmen. – Selbstverständlich haben Sie viele Möglichkeiten, die Ihnen digitale Medien bieten, damit nicht. Doch es ist auf jeden Fall eine Überlegung wert, ob ein analoges Hilfsmittel die Sache im konkreten Fall nicht vielleicht einfacher macht und dennoch die gewünschten Effekte erzielt.

> Auch analoge Präsentationsmedien haben ihre Berechtigung.

Gerade angesichts der überbordenden Technik bei Präsentationen wenden sich einige Präsentatoren ganz bewusst analogen Visualisierungen oder gegenständlichen Requisiten zu und erregen damit zum Teil viel Aufmerksamkeit. Bekannt geworden ist zum Beispiel der Auftritt von Hans Rosling[2] bei den „Ted Talks",

---

2 Hans Rosling ist ein schwedischer Mediziner und Professor für Internationale Gesundheit am Karolinska-Institut in Stockholm.

der die Entwicklung der Weltbevölkerung mithilfe von farbigen Plastikkisten sehr anschaulich erläuterte.[3] Mit solchen originellen Ideen lassen sich auch ohne großen Aufwand tolle Effekte erzielen.

15.3 Allgemeine Gestaltungsregeln

Vorab auch hier etwas Grundsätzliches: Genauso wie die Argumente und die Sprache gilt es auch die Visualisierungen dem zu erwartenden Publikum und den eigenen Zielstellungen anzupassen, und zwar nicht nur in technischer Hinsicht, sondern auch in gestalterischer. Ein Auftritt vor dem Unternehmensvorstand, mit dem Sie unter anderem sich selbst als kompetente und aufstrebende Führungskraft darstellen wollen, erfordert logischerweise eine ganz andere Gestaltung als beispielsweise eine Präsentation vor der Schulklasse Ihres Kindes, bei der Sie den Kindern unterhaltsam Ihr Berufsbild vorstellen wollen. Mit Ersterem soll ein seriöser und kompetenter Eindruck vermittelt werden, was für eine dezente und konventionellere Gestaltung spricht, beispielsweise mit klaren Linien sowie wenigen und eher gedeckten Farben. Die Präsentation vor der Schulklasse kann hingegen farbiger und aufregender gestaltet werden und muss sich nicht an Business-Konventionen halten. Der Adressat des Auftritts bestimmt also auch die Gestaltung der Visualisierungen.

Des Weiteren lässt sich vieles bereits richtig machen, wenn man die häufigsten Fehler kennt und vermeidet. Achten Sie deshalb auf Folgendes:

- Beachten Sie bei der Gestaltung von Grafiken die Sehgewohnheiten der Zuhörer (zum Beispiel von links nach rechts, von oben nach unten).

---

3 Bei YouTube finden Sie ein Video davon unter dem Titel „Hans Rosling: Global population growth, box by box".

- Überfrachten Sie die visuellen Elemente nicht mit zu vielen verschiedenen oder zu komplizierten Informationen und die einzelnen Folien nicht mit zu vielen visuellen Elementen.

- Eine einheitliche Gestaltung ist zwar wichtig, darf jedoch nicht gleichförmig werden, denn zu viele gleichartige und gleichförmige Charts und Bilder verringern die Aufmerksamkeit der Zuhörer.

- Geben Sie Ihren Visualisierungen eine erkennbare Ordnung und Struktur, damit sich die Zuhörer gut orientieren können.

- Vermeiden Sie massive Zahlen- oder Textblöcke, da sie vom Publikum nur schwer zu erfassen und darüber hinaus auch ermüdend sind.

- Achten Sie darauf, dass die Beschriftung der Charts und Bilder verständlich, logisch und gut lesbar ist und nicht ausufert.

- Erläutern Sie die visuellen Elemente, anstatt nur wiederzugeben, was ohnehin zu sehen ist. (Nicht: „Wie Sie sehen, ist der Balken für das vergangene Jahr höher als der für das aktuelle. Das bedeutet, dass …" Sondern: „Die höheren Einnahmen vom vergangenen Jahr lassen erkennen, dass …")

- Berücksichtigen Sie ggf. das Corporate Design Ihres Unternehmens.

- Überschätzen Sie nicht Ihre eigenen gestalterischen Fähigkeiten – schließlich sind Sie kein professioneller Grafiker und müssen das auch nicht sein. Wenn Sie eine sehr anspruchsvolle oder besonders originelle Gestaltung für Ihre visuellen Elemente benötigen, ziehen Sie lieber einen Profi hinzu.

Neben diesen übergreifenden Aspekten gibt es für die Bilder, Grafiken und Symbole, den eingesetzten Text und die verwendeten Farben jeweils eigene Regeln für den Aufbau und die Gestaltung, die Sie in der folgenden Zusammenstellung finden.

Bilder, Grafiken, Symbole

- Beim Einsatz von Diagrammen ist es wichtig, sich für den passenden Diagrammtyp zu entscheiden. Für Vergleiche eignen sich zum Beispiel Balken- oder Säulendiagramme, für die Darstellung von Anteilen sind Tortendiagramme sinnvoll, und wenn es um die zeitliche Entwicklung eines Wertes geht, ist ein Kurvendiagramm die richtige Wahl.
- Absolut unerlässlich ist, dass die darstellten Zahlen und Fakten richtig sind! Prüfen Sie sie gründlich und achten Sie auch auf Zahlendreher und Tippfehler.
- Wichtig für das Verständnis ist die korrekte, vollständige, einheitliche und aussagekräftige Beschriftung der Grafiken (Achsenbeschriftung, Legende, Einheiten etc.).
- Eine aussagekräftige Überschrift über der Grafik oder dem Bild hilft den Zuhörern, die Informationen und Botschaften schnell zu verstehen und richtig einzuordnen.
- Diagramme und Bilder sollen dabei helfen, das Wichtigste auf einen Blick zu erkennen. Achten Sie deshalb darauf, dass:
  - die wesentlichen Informationen und Botschaften im Zentrum der Grafik stehen oder auf andere Weise optisch hervorgehoben werden (durch Farbe, Fettungen, Unterstreichungen, Symbole etc.);
  - Gleiches gleich und Verschiedenes verschieden gestaltet ist (zum Beispiel gleiche Farbe / gleiches Symbol für Werte aus einem Jahr, andere Farbe / anderes Symbol für Werte aus einem anderen Jahr);
  - pro Grafik nur ein Sachverhalt dargestellt wird oder mehrere Sachverhalte mit einem klaren Bezug zueinander;
  - der Aufbau der Grafik die Blickfolge links–rechts / oben–unten berücksichtigt.
- Zu viele verschiedene Gestaltungselemente (Symbole, Pfeile, Hervorhebungen, Beschriftungen etc.) machen eine Grafik schnell unübersichtlich und schmälern ihre Aussagekraft.

- Nicht alles wird vom Publikum mit gleicher Aufmerksamkeit wahrgenommen. Am meisten Aufmerksamkeit erreichen (Abbildungen von) Menschen, dann geht es in absteigend weiter mit Tieren, Gegenständen, geometrischen Formen und Texten.
- Mit Symbolen können Sie Platz sparen und Ihrer Darstellung Struktur geben.
- Symbole sind nur nützlich, wenn das, wofür sie stehen, auch erkennbar ist.
- Auch bei Symbolen ist es wichtig, sie einheitlich zu verwenden (gleiches Symbol – gleiche Bedeutung).

Text

- Verwenden Sie Schriften und Schriftstärken beziehungsweise -größen, die gut lesbar sind. Serifenfreie Schriften (zum Beispiel Arial oder Calibri) eignen sich besser für Projektionen als Schriften mit Serifen (zum Beispiel Garamond oder Times New Roman). Prüfen Sie Ihren gesamten Text auf Lesbarkeit, denn bei manchen Schriften sind nur einzelne Buchstaben oder Buchstabenkombinationen schlecht lesbar.
- Beschränken Sie sich auf maximal zwei unterschiedliche Schriftarten und maximal drei unterschiedliche Schriftgrößen, um Unruhe und Unübersichtlichkeit zu vermeiden.
- Verwenden Sie eher konventionelle Schriftarten (zum Beispiel Arial, Verdana, Calibri), statt wild zu experimentieren, um originell zu wirken. Im besten Fall erregt die Schriftart keinerlei Aufmerksamkeit, sondern sorgt nur dafür, dass die Texte gut lesbar sind.
- Verzichten Sie unbedingt darauf, die Schriftart Comic Sans zu verwenden! Deren inflationärer und zum Teil unangebrachter Einsatz hat diese Schrift zu einem wahren Running Gag gemacht. Sie wirkt inzwischen infantil und altbacken.
- Günstig für die Lesbarkeit ist ein etwas größerer Zeilenabstand, zum Beispiel 1,5.

- Beschränken Sie sich bei Visualisierungen auf den Text, der wirklich notwendig ist. Kurz und knackig ist hier die Devise.
- Auch bei Hervorhebungen im Text ist es wichtig, auf die Lesbarkeit zu achten. Fettungen und Unterstreichungen sind meist gut lesbar, bei Kursivschriften kann es schon schwieriger werden. Schattierungen oder Konturen sind nicht ratsam.
- Insgesamt ist mit Hervorhebungen sparsam umzugehen. Zu viele Auszeichnungen machen einen Text schnell unleserlich.
- Aufzählungen und Listen sollten bei Präsentationen nicht länger als sieben Zeilen sein und in knappen Stichworten verfasst werden. Ein Aufzählungszeichen am Anfang jeder Zeile erleichtert das Erfassen der Liste.
- Beachten Sie: Listen und Reihenfolgen suggerieren immer auch eine Rangfolge (das Oberste / Erste ist das Wichtigste, das Unterste / Letzte das Unwichtigste) und müssen deshalb mit Bedacht eingesetzt werden.
- Achten Sie unbedingt auf eine korrekte Rechtschreibung und Grammatik!

Farben

- Farben eignen sich gut, um Inhalte hervorzuheben oder ihnen Struktur zu verleihen, sollten jedoch sparsam und gezielt eingesetzt werden.
- Vermeiden Sie sehr schrille Farbeffekte. Sie würden die Inhalte eher verdrängen als unterstützen und unseriös wirken.
- Farben können unterschwellig Stimmungen erzeugen, was sich gezielt einsetzen lässt, zum Beispiel: blau = kühl, sachlich; grau / schwarz = seriös, sachlich; rot = Achtung!; grün = frisch, beruhigend.
- Geben Sie Texten möglichst eine dunklere Farbe, um die Lesbarkeit zuverlässig zu gewährleisten. Bei helleren Farben laufen Sie insbesondere bei Projektionen Gefahr, dass sie zu blass werden und schlecht oder gar nicht lesbar sind.

- Achten Sie insgesamt auf einen guten farblichen Kontrast zwischen Hintergrund und Text oder Abbildung. Nutzen Sie am besten helle Hintergründe und dunkle Schrift. Wenn Sie helle Schrift vor dunklem Hintergrund verwenden wollen, achten Sie darauf, dass die Strichstärke der Schrift ausreichend groß ist, sonst „versinken" die Buchstaben im Hintergrund.
- Farbverläufe sind insbesondere für Projektionen nicht gut geeignet, da die Kontrastwirkung dann an einigen Stellen des Verlaufs nicht optimal ist.
- Zu viele verschiedene Farben verwirren, beschränken Sie sich auf maximal vier oder fünf verschiedene Farben.
- Auch hier gilt: gleiche Farbe = gleiche Bedeutung; unterschiedliche Farbe = unterschiedliche Bedeutung; ähnliche Farbe = ähnliche Bedeutung oder enger Zusammenhang.
- Beachten Sie: Etwa fünf Prozent der Bevölkerung haben Schwierigkeiten, Farben korrekt wahrzunehmen. Besonders häufig ist die Rot-Grün-Schwäche, von der acht bis neun Prozent der Männer und rund ein Prozent der Frauen betroffen sind. Wichtige Kennzeichnungen sollten Sie daher nicht mit Rot oder Grün vornehmen.

15.4 Den Auftritt gründlich vorbereiten

Sie kennen jetzt die grundlegenden Regeln für die Gestaltung Ihrer Visualisierungen. Bleibt noch, auf die wichtigsten Punkte der Vorbereitung des Auftritts hinzuweisen. Zur Vorbereitung gehört als Erstes das Üben des Auftritts, und da darf der Umgang mit den visuellen Hilfsmitteln natürlich nicht fehlen. Es kommt darauf an, schon bei den Probedurchläufen alle Visualisierungen so einzubinden, wie sie für den Auftritt geplant sind. So gewinnen Sie Sicherheit und Routine in der Handhabung der

> Führen Sie Probedurchläufe stets mit allen Visualisierungen durch. So gewinnen Sie Sicherheit und Routine.

Technik und beim Ablauf der Präsentation. Zudem gewinnen Sie einen realistischen Eindruck davon, wie viel Zeit das Handling und die Präsentation der Visualisierungen in Anspruch nehmen. Dauert das Ganze zu lang, haben Sie noch die Möglichkeit, die Abläufe zu optimieren oder auch einige Bilder oder Grafiken wegzulassen.

Machen Sie sich unbedingt mit der Bedienung der technischen Geräte vertraut und testen Sie gründlich den gesamten Ablauf sowie alle Bedienungsschritte vom Anschließen des Geräts bis zum sanften Ausblenden der letzten Folie. Markieren Sie sich ruhig auf dem Laptop die Tasten, die Sie für die Navigation durch die Folien benötigen, sodass Sie beim Auftritt trotz Nervosität und schlechter Beleuchtung die richtigen Tasten mühelos finden können. Es gibt beispielsweise kleine fluoreszierende Klebepunkte, die auch im Dunkeln von Nahem gut zu sehen sind.

Vor Ort sollten Sie frühzeitig folgende Punkte überprüfen:
- Verfügbarkeit und Funktionstüchtigkeit der erforderlichen Geräte und des Zubehörs (Netzkabel, Verlängerungskabel, USB-Anschlüsse, Adapter etc.)
- Kompatibilität Ihrer mitgebrachten Geräte und Datenträger mit dem vorhandenen Equipment
- mögliche Störfaktoren auf dem Laptop ausschalten (Bildschirmschoner, Signaltöne und Pop-up-Fenster, beispielsweise für eingehende E-Mails, Akkulaufzeit etc.)
- Lichtverhältnisse und Verdunkelungsmöglichkeit, Bedienung der Verdunkelung
- Entfernung zwischen Zuschauer und Leinwand, Projektor und Leinwand sowie zwischen Präsentator und Leinwand
- Blick der Zuhörer auf die Leinwand und auf den Präsentator
- freier Weg für den Projektionsstrahl
- Lesbarkeit der Projektionen
- Platz des Präsentators auf der Bühne und Bewegungsabläufe, Position der Geräte

Diese Checkliste zeigt auch: Es kann unter Umständen einiges schiefgehen beim Einsatz von Visualisierungen. Deshalb ist es durchaus ratsam, die visuellen Elemente nicht zum alleinigen Garanten Ihrer Präsentation zu machen. Besser ist es, konzeptionell und hinsichtlich der Ausstattung auch auf einen Ausfall der Technik vorbereitet zu sein, um im Notfall auf ein anderes (analoges) Medium umschwenken zu können. Es empfiehlt sich daher auch, in den Unterlagen stets einen aktuellen Ausdruck der Bilder und Grafiken dabeizuhaben. So haben Sie zumindest eine Vorlage, um im Fall des Falles die wichtigsten Elemente beispielsweise auf einem Flipchart zu skizzieren oder auf eine Overheadprojektorfolie zu übertragen. Findet die Präsentation in einem eher kleinen Rahmen statt, können Sie als Notlösung diese Vorlagen auch dafür nutzen, um für die Zuhörer Kopien der Grafiken oder Bilder anzufertigen. Dafür ist es jedoch besonders wichtig, dass die Abbildungen entweder nummeriert oder dank prägnanter Überschriften eindeutig zu identifizieren sind. Ansonsten besteht die Gefahr, dass das Publikum die ganze Zeit in den Kopien herumblättert, was die Präsentation und die Aufmerksamkeit der Zuhörer massiv stören würde.

16. | Wenn das Publikum nicht mitspielt

Jedem Vortragenden dürfte es schon einmal passiert sein, dass das Publikum bei einem Auftritt nicht den gleichen Elan und das gleiche Interesse aufbringt wie er selbst. Und auch Zuhörer, die den Auftritt – absichtlich oder unabsichtlich – stören oder sich im Extremfall sogar in Angriffsposition zum Vortragenden begeben, gibt es immer einmal wieder. Insofern ist es für jeden Vortragenden wichtig, für diese Fälle gut gerüstet zu sein, damit der Auftritt auch dann gelingt, wenn das Publikum nicht so mitspielt wie gewünscht oder erwartet.

Vor allen Maßnahmen zum Umgang mit Störungen oder Angriffen während des Auftritts steht jedoch Ihre persönliche Einstellung. Nur wenn Sie selbst mit einer positiven Einstellung – zu Ihrer eigenen Person, zu den Inhalten Ihres Auftritts und zu Ihren Zuhörern – in den Auftritt gehen, kann dieser gelingen. Wenn Sie jedoch nicht voll und ganz hinter Ihren Inhalten stehen oder davon ausgehen, dass das Publikum ohnehin nicht richtig zuhört, oder die ganze Zeit nur daran denken, was schiefgehen könnte, sabotieren Sie selbst Ihren Auftritt und provozieren unter Umständen sogar Einwände und Angriffe aus dem Publikum. Eine positive Einstellung kann dies verhindern. Dazu gehört auch, nicht hinter jeder Störung gleich einen persönlichen Angriff zu vermuten, sondern stattdessen die sachliche Ebene und auch die Perspektive des Störenden oder Fragenden im Blick zu behalten. Ansonsten kommen schnell negative Emotionen auf, die kaum zum Erfolg des Auftritts beitragen.

> Eine positive Einstellung ist das beste Gegenmittel gegen Störungen oder Angriffe.

Wenn das Publikum hingegen spürt, dass Sie mit echter Begeisterung und souverän bei der Sache sind und dass Sie wirklich Interesse daran haben, Ihren Zuhörern etwas zu vermitteln, was für sie von Belang ist, dann haben Sie schon den Grundstein gelegt für einen gelungenen und störungsfreien Auftritt.

16.1 Unruhe und Langeweile

Es können natürlich Störungen verschiedenster Art auftreten. Dabei muss es sich noch nicht einmal um Zwischenrufe oder gar um einen verbalen Angriff handeln. Schon eine zunehmende Unruhe und Tuscheleien im Publikum können zu einem starken Störfaktor werden. Damit sich das nicht verstärkt, ist es zunächst einmal wichtig, sich davon nicht aus dem Konzept bringen zu lassen und keinen Unmut darüber aufkommen zu lassen. Wie bei allen Störungen oder Angriffen ist auch hier die oberste Devise: Ruhe bewahren und gelassen bleiben.

Treten Tuscheleien und Ähnliches nur gelegentlich auf, können Sie sie einfach ignorieren. Vielleicht hatte jemand nur eine Verständnisfrage an seinen Sitznachbarn oder wollte wissen, in welchem Saal der nächste Vortrag stattfinden wird, oder er nutzte die Gelegenheit, um den Sitznachbarn im Anschluss zu einem Kaffee einzuladen. Solche Gespräche sind schnell vorüber und bedürfen keinerlei Reaktion durch den Vortragenden.

Anders sieht das aus, wenn zwei oder mehrere Zuhörer sich in anhaltenden Tuscheleien verlieren, die sowohl den Vortragenden als auch die anderen Zuhörer zu stören beginnen. Keinesfalls sollten Sie die Störenden in diesen Fällen zurechtweisen wie ein Lehrer seine Schüler oder andersherum anbiedernd um mehr Aufmerksamkeit bitten. Denken Sie daran, dass Sie sich auf Augenhöhe mit Ihren Zuhörern befinden. Vorwürfe oder Äußerungen von oben herab sind deshalb genauso wenig angebracht wie das Auf-

treten als Bittsteller. In den meisten Fällen reicht
es schon aus, die Redenden direkt „anzuspielen",
also während des Sprechens mit einem freund-
lichen Lächeln den direkten Blickkontakt zu suchen oder sich, wenn möglich, in ihre Nähe zu
stellen. Viele Zuhörer verstehen diesen Wink und
sind höflich genug, die privaten Gespräche dann
einzustellen.

> Statt eine große
> Sache daraus zu ma-
> chen, ist es eleganter,
> Störern einen kleinen
> Wink zu geben. Oft
> reicht schon ein kur-
> zer Blickkontakt, um
> für Ruhe zu sorgen.

Bei hartnäckigeren Kandidaten können Sie die betreffenden Zuhörer auch direkt ansprechen und zum Beispiel fragen, ob es Verständnisfragen oder Hinweise gibt. Auch das reicht
meistens aus, um störende Gespräche zu beenden (sofern Sie sich
nicht zu einem süffisanten Tonfall hinreißen lassen, sondern offen
und sachbezogen fragen). In den höchst seltenen Fällen, in denen
Zuhörer auch dies weiter ignorieren, können Sie einfach höflich
und sachlich darum bitten, dass die Gesprächspartner ihren Aus-
tausch außerhalb des Vortragsraums fortsetzen. Die übrigen Zuhörer werden es Ihnen sicher danken.

Für Unruhe sorgen jedoch nicht nur (unhöfliche) Störenfriede.
Eine häufige Ursache ist Langeweile – doch dagegen haben Sie etwas in der Hand. Das Wichtigste und Effektivste, was Sie gegen
Langeweile tun können, haben Sie zum Zeitpunkt Ihres Auftritts
hoffentlich schon getan: Ihren Auftritt gut vorbereitet und auf das
Publikum zugeschnitten. Doch weil man in einigen Fällen eben
doch nicht alle Eventualitäten und Gegebenheiten hundertprozentig absehen kann, erreicht ein Auftritt manchmal nicht (sofort)
sein Ziel.

Entscheidend ist dann, dass Sie überhaupt erkennen, dass sich
Langeweile im Publikum breitmacht. Hinweise geben Ihnen vor
allem die sichtbaren Signale, wenn Zuhörer zum Beispiel längere
Zeit aus dem Fenster schauen oder immer wieder auf ihre Uhr
oder aufs Handy blicken. Ein Alarmzeichen ist auch, wenn Zuhörer gar nicht mehr zu Ihnen oder Ihren Visualisierungen gucken,

sondern minutenlang an Ihnen vorbeischauen oder den Blick gesenkt halten. Auch Gähnen, Fläzen auf dem Sitz oder offensichtliches Herumspielen mit dem Telefon oder anderen Dingen sind deutliche Hinweise darauf, dass der Vortrag selbst nicht mehr von Interesse ist. Wenn Sie solche Signale bemerken, ist es höchste Eisenbahn, etwas zu unternehmen. Drei wichtige Sofortmaßnahmen sind: Nicht darüber ärgern, Publikum direkt ansprechen und für Abwechslung sorgen!

Sich nicht darüber zu ärgern ist wichtig, weil der Ärger Sie kein Stück weiterbringt. Im Gegenteil: Oft verstellt er den Blick auf die Sachlage, lässt negative Emotionen aufkommen und macht das Ganze nur noch schlimmer. Also sparen Sie sich den Ärger einfach und konzentrieren Sie sich auf die Dinge, mit denen Sie die Situation verbessern können.

Für die direkte Ansprache eignen sich zum Beispiel folgende Vorgehensweisen:

- Sich nach Inhalten erkundigen, über die die Zuhörer zusätzliche Informationen und Ausführungen wünschen.
- Sich nach Ausführungen erkundigen, die unklar geblieben sind.
- Sich nach Diskussionsbedarf erkundigen.
- Das Publikum konkret ansprechen („Für Sie, also für die Kolleginnen und Kollegen der Rechtsabteilung, bedeutet das nun konkret, dass …“).
- Dem Publikum Fragen stellen.
- Rhetorische Fragen stellen: „Wer hat denn nicht schon einmal daran gedacht, etwas ganz Neues anzufangen?“
- Sachbezogene Fragen stellen: „Haben Sie bereits Erfahrungen gemacht mit …?“
- Mengenbezogene Fragen stellen: „Wer von Ihnen hat bereits Erfahrungen gemacht mit …?“

- Gemeinsame Erlebnisse mit Personen aus dem Publikum aufgreifen („Herr Unger, erinnern Sie sich noch, welche Schwierigkeiten wir anfangs mit der Software hatten?").

Für etwas Abwechslung können folgende Elemente sorgen:
- Variationen im Sprechtempo und in der Lautstärke
- gezielt eingesetzte Sprechpausen, zum Beispiel um Wichtiges vorzubereiten und Spannung zu erzeugen
- anschauliche Beispiele aus der Praxis und der Erfahrungswelt der Zuhörer (insbesondere bei sehr theorie- und datenlastigen Vorträgen oder Präsentationen)
- emotionale Schilderungen („Ich war sprachlos, als ich ...")
- Schilderungen persönlicher Erlebnisse
- originelle oder kuriose Informationen
- Wechsel der eingesetzten Medien
- Live-Erstellung einer Visualisierung (zum Beispiel Zeichnen eines Charts)
- Demonstration eines Geräts

Bevor Sie derartige Maßnahmen ergreifen, ist es jedoch sinnvoll, kurz zu überprüfen, ob der Eindruck von Langeweile vielleicht nur durch ungünstige Rahmenbedingungen entsteht. Unter Umständen sitzen Ihre Zuhörer an diesem Tag bereits in der x-ten Präsentation, und ihr Konzentrationsvermögen ist schlicht aufgebraucht. Zur Mittagszeit oder zum Abend hin sind viele Menschen auch einfach hungrig oder müde, sodass es ihnen deshalb an der notwendigen Konzentration und Aufmerksamkeit fehlt. Manchmal machen auch nur die verbrauchte Luft oder die steigenden Temperaturen im Saal träge und müde. – Haben Sie solche ungünstigen Umstände identifiziert, schlagen Sie dem Publikum eine kurze Pause vor und sorgen Sie, wenn möglich, für Abhilfe.

Unruhe entsteht häufig auch, wenn ein Zuhörer zu spät kommt. Bei seinem Eintreten zieht er dann schnell die Aufmerksamkeit und manchmal auch den Spott der Kollegen auf sich. Damit Sie als Vortragender das nicht noch forcieren, ist es am besten, dem

Neuankömmling keine große Aufmerksamkeit zu schenken. Ein kleines Lächeln heißt ihn willkommen, ansonsten können Sie in Ihrem Vortrag einfach fortfahren. Ist es doch zu einer Unterbrechung gekommen, umreißen Sie in ein oder zwei kurzen Sätzen, wo Sie unterbrochen hatten, und nehmen Sie dann den Faden wieder auf.

> Für das Problem mit den Störungen durch Handyklingeln habe ich einmal in einem Theater eine schöne Lösung erlebt: Kurz vor Beginn der Vorstellung stand ein „Zuschauer" aus einer der hinteren Reihen auf und rief laut zu einem anderen „Zuschauer" in einer der vorderen Reihen: „DU, FRANK, HAST DU AUCH DEIN HANDY AUSGEMACHT? NICHT, DASS DAS WIEDER MITTENDRIN KLINGELT!" Das Publikum schmunzelte, und viele holten eilig ihr Telefon heraus, um es noch schnell auszustellen.

16.2 Sachliche Einwände und Fragen

Sachliche Einwände und Fragen sind genau genommen keine Störungen und erst recht keine Angriffe, sondern eher so etwas wie Wünsche nach mehr oder genaueren Informationen. Zum Störfaktor werden sie nur, wenn sich der Vortragende von ihnen aus dem Konzept bringen lässt und dann unsicher oder verlegen wird. Manch einer hat dann vielleicht ein paar rhetorische „Tricks" auf Lager, um diese Fragen abzublocken, doch eine gute Lösung ist das nicht, schließlich stehen die Fragen oder Einwände dann weiterhin im Raum. Für einige Zuhörer ist ein rhetorisches Ausweichmanöver auch eine direkte Einladung, um besonders hartnäckig nachzufragen. Der Vortragende hätte damit dann genau das Gegenteil von dem erreicht, was er ursprünglich im Sinn hatte. Besser und sinnvoller ist es demnach, auf sachliche Einwände und Fragen tatsächlich einzugehen.

> Sachliche Einwände und Fragen sind keine Störungen, sondern enthalten den Wunsch nach mehr Informationen.

Auch hier empfiehlt es sich, eine positive Einstellung zu entwickeln. Das heißt, statt Einwände und Fragen als Ablehnung, Angriff oder Vorwurf aufzufassen, sollte man sie als Chance sehen, das Verständnis der eigenen Ausführungen zu fördern. Außerdem zeigen sie, dass das Publikum an der Sache interessiert ist und mehr darüber wissen will. Das ist auf jeden Fall etwas Positives. Insofern ist es grundsätzlich ratsam, Fragen und Einwände zu beantworten.

Bei Auftritten kann das jedoch schon einmal zu Problemen führen, zum Beispiel weil die Zeit dafür nicht reicht oder wenn dadurch die gesamte Struktur des Auftritts durcheinandergebracht wird. Ein wesentlicher Bestandteil des richtigen Umgangs mit Fragen und Einwänden ist deshalb die Fähigkeit, möglichst schnell einzuschätzen, ob eine Frage sofort beantwortet werden muss oder nicht. Eine direkte Antwort ist zum Beispiel erforderlich, wenn die Frage / der Einwand:

- eine verbreitete Wissens- oder Verständnislücke offenbart, die für das weitere Verständnis unbedingt geschlossen werden muss;
- ein Missverständnis zutage fördert, das alles Weitere in einem falschen Licht erscheinen lassen würde;
- von einer falschen Voraussetzung ausgeht, die das gesamte Verständnis beeinträchtigen würde;
- die Hauptbotschaft des Auftritts oder die Souveränität und Kompetenz des Vortragenden infrage stellt, sodass die Überzeugungskraft des Auftritts stark geschmälert werden könnte.

Wenn Sie gute Gründe haben, die Beantwortung einer Frage / eines Einwands zu verschieben, dürfen Sie jedoch nicht versäumen, dem Frager diese Gründe kurz zu nennen und ihm eine spätere Antwort zuzusichern. Das Verschieben ist zum Beispiel möglich, wenn:

- der Gegenstand der Frage / des Einwands später ohnehin Thema des Vortrags ist;

- der Gegenstand eine sehr spezielle Teilfrage betrifft, die nur für den Frager selbst oder für sehr wenige andere Zuhörer von Interesse ist;
- der Vortragende die erforderlichen Informationen nicht parat hat, dem Fragenden jedoch nach dem Vortrag entsprechende Informationsquellen nennen kann;
- die Antwort zu weit weg führen würde vom ursprünglichen Thema des Vortrags beziehungsweise der Präsentation;
- der Sachverhalt zu komplex ist für eine kurze und prägnante Antwort;
- der Gegenstand des Einwands besser in einem persönlichen Gespräch geklärt werden sollte.

Egal ob während des Auftritts oder in einem Gespräch danach, bei der Beantwortung der Frage/des Einwands geht es immer darum, sich dem Fragendem mit echtem Interesse zuzuwenden, um den Einwand/die Frage richtig zu verstehen. Lassen Sie ihn ausreden, schauen Sie ihn an und machen Sie deutlich, dass seine Frage/sein Einwand berechtigt ist und von Ihnen ernst genommen wird. Nehmen Sie sich dann ruhig etwas Zeit zum Nachdenken. Das macht einerseits Sie selbst sicherer, andererseits vermitteln zu prompte Antworten schnell den Eindruck, dass Sie eine vorgefertigte Standardantwort benutzen. Wenn erforderlich, fragen Sie ruhig noch einmal nach, ob Sie den Fragesteller richtig verstanden haben. Das liefert Ihnen häufig noch Zusatzinformationen, die es Ihnen erleichtern, die Frage/den Einwand besser zu verstehen.

Bei Fragen aus dem Publikum gilt: Zuhören, verstehen und wirklich antworten.

Bei der Antwort ist dann entscheidend, dass Sie wirklich *antworten*. Das heißt, Sie stellen nicht bloß einfach eine Gegenbehauptung auf oder wiederholen das bereits Gesagte, sondern gehen konkret auf die Fragestellung ein, geben eine substanzielle Antwort oder liefern echte (neue) Argumente. Entscheidend ist, dass

Sie Verständnis für die Fragen / die Einwände zeigen und dem Fragenden Respekt und Wertschätzung entgegenbringen.

Sollte der Fall eintreten, dass ein Zuhörer Sie tatsächlich auf dem falschen Fuß erwischt und Sie eine Frage oder einen Einwand nicht beantworten können, drucksen Sie nicht lange herum. Und versuchen Sie auf gar keinen Fall, Ihre Wissenslücke durch eine Falschaussage oder eine besonders schwammig oder verklausuliert formulierte Antwort zu vertuschen. Lassen Sie sich auch dann nicht aus der Ruhe bringen. Niemand muss alles wissen, auch ein Vortragender nicht. Sagen Sie dem Fragenden, dass Sie jetzt aus dem Stegreif darauf keine verlässliche Antwort geben können, und sichern Sie ihm, wenn möglich, eine spätere Antwort zu (zum Beispiel per E-Mail).

16.3 Störenfriede und unsachliche Angriffe

Anders als Zuhörer mit sachlichen Fragen und Einwänden haben echte Störenfriede, die mit unsachlichen Zwischenrufen und Angriffen agieren, nicht die Klärung der Sache im Sinn. Ihnen geht es vielmehr um die eigene Profilierung oder um die Diskreditierung des Vortragenden beziehungsweise seiner Inhalte, Argumente und Botschaften. Deshalb nutzen solche Zuhörer Zwischenrufe, Kommentare, monologisierende Wortbeiträge oder andere verbale Angriffe, um den Vortragenden:

- aus dem Konzept und in Bedrängnis zu bringen;
- ihn zu provozieren und negative Emotionen zu schüren;
- ihn lächerlich zu machen und seine Autorität zu untergraben;
- ihn in ein schlechtes Licht zu rücken.

Manche wollen den gesamten Auftritt untergraben und ihre eigenen Ansichten zum Besten geben. Sie gehen dabei jedoch nicht auf die Sache oder auf die genannten Argumente ein, sondern provozieren mit persönlichen Angriffen oder Beleidigungen, Killerphrasen, Unterstellungen, Behauptungen bis hin zu Lügen.

Bei solchen unsachlichen und unfairen Attacken kommt es vor allem darauf an, dass Sie sich als Vortragender nicht provozieren und aus der Ruhe bringen lassen und vor allem nicht selbst zu unfairen Mitteln greifen. Begibt sich der Vortragende auf die gleiche Ebene wie der Störenfried, verschärft sich die Lage nur und wird sich immer weiter von den Sachfragen und vom tatsächlichen Gegenstand des Auftritts entfernen. Der verbale Gegenangriff würde nur den Kampf um die schlagkräftigste Verbalkeule eröffnen. Die Sach- und auch die Beziehungsebene würden dabei gänzlich auf der Strecke bleiben.

Regel Nummer eins: Nicht provozieren lassen!

Einmalige und eher harmlose Zwischenrufe können Sie deshalb ruhig ignorieren. Das ist auf jeden Fall besser, als eine Wechselrede mit dem Rufer anzufangen, wodurch dieser nur noch mehr Aufmerksamkeit erhalten und zu weiteren Äußerungen motiviert werden würde. Bei wiederholten Störungen und Angriffen ist es dann jedoch erforderlich, zu reagieren. Fairness und Sachlichkeit sind dabei die Grundsätze, an denen Sie sich orientieren können. Eine bewährte Vorgehensweise ist daher, den Zwischenrufer mithilfe von Fragen zurück zur Sache zu führen und dann eine entsprechende Antwort zu formulieren. Dabei ist es wichtig, höflich zu bleiben und nicht emotional zu reagieren, um der Provokation keinen (weiteren) Angriffspunkt zu bieten. Oft lassen sich Zwischenrufe auch in Sachfragen umformulieren (oder auch uminterpretieren), auf die Sie als Vortragender dann direkt eingehen können. Ein Zwischenruf wie „Das ist doch völlig illusorisch!" könnte zum Beispiel beantwortet werden mit: „Sie fragen zu Recht nach der Realisierbarkeit dieser Vorschläge. Dazu kann ich Ihnen sagen, dass ..."

Auf solche erwartbaren Angriffe können Sie sich gut vorbereiten. Wenn Sie Ihr Thema und Ihre Zuhörer gut kennen, können Sie sicher einige dieser unsachlichen Einwände und Killerphrasen vorhersehen. Üben Sie ruhig, entsprechende Repliken zu formulieren. Das schult die Schlagfertigkeit für den Fall, wenn es darauf ankommt, schnell und souverän zu reagieren. Gemäßigte Störenfriede, die nur einmal kurz Dampf ablassen wollten, sind mit solchen Reaktionen meist schon gut in ihre Schranken zu weisen. Bei denjenigen, die partout nicht lockerlassen, hilft meist nur noch der Sprung auf die Metaebene mit dem Hinweis, dass derartige Einwürfe die Sache nicht weiterbringen und den Vortrag stören, und mit der Bitte, sachliche Fragen zu stellen oder sich nach dem Auftritt in einem persönlichen Gespräch auseinanderzusetzen. Und neigt ein Zwischenrufer zu ausufernden Monologen, kommen Sie nicht umhin, ihn zu unterbrechen. Bleiben Sie auch hier freundlich und respektvoll, ohne es jedoch an Bestimmtheit fehlen zu lassen.

17. | Nach dem Auftritt

Ein Bekannter berichtete mir von einer für ihn etwas leidigen Erfahrung: Vor Jahren, als er noch an einer deutschen Uni in der Computerlinguistik-Forschung tätig war, hatte er die Aufgabe, ein neues Softwaretestverfahren durchzuführen. Der Test fand anhand einer neu entwickelten Spezialsoftware für Mathematiker statt. Die Ergebnisse sollten im Rahmen eines Kongresses an der Uni Zürich präsentiert werden, auf Englisch, was aufgrund der zahlreichen Fachbegriffe und des speziellen Metiers nicht ganz einfach war. Doch mein Bekannter war sehr gut vorbereitet, hielt eine gute Präsentation und fand überaus interessierte Zuhörer – das Publikum war sogar interessierter, als ihm lieb war: Denn die Erleichterung gleich nach der Präsentation war etwas voreilig. Kaum war die Präsentation vorbei, wurde der Linguist von beinahe allen Anwesenden umringt, die ihm eine Spezialfrage nach der anderen stellten. Damit hatte er nicht gerechnet und musste nun improvisieren und die Fragen so gut es eben ging beantworten. Die Diskussion lief zwar noch gerade eben ganz gut, doch zeigte sie, dass die Arbeit mit dem Ende der Präsentation noch lange nicht getan war. Mein Bekannter fand vielmehr, dass die Präsentation selbst ihm zwar reichlich Konzentration abverlangte, jedoch Spaß gemacht hätte. Was aber danach kam, die unerwartete Diskussion mit einer Fachfrage nach der anderen, hätte ihn völlig unvorbereitet getroffen.

Das ist schon vielen so oder ähnlich ergangen. Eine Präsentation kann, gerade wenn sie gut läuft (und oft auch, wenn das Gegenteil der Fall ist), eine ungeahnte Dynamik entwickeln und die Zuhörer dazu animieren, unzählige Fragen zu stellen. Deshalb ist es ein Fehler, die Phase nach der Präsentation zu unterschätzen oder sie überhaupt nicht in die Vorbereitung mit einzubeziehen.

> Eine gute Vorbereitung widmet sich auch der Phase nach dem Auftritt.

17.1 Für alle Fälle gerüstet

In der Theorie ist die Vorstellung verbreitet, dass zum Ende der Präsentation eine geschickte Überleitung in eine Diskussionsrunde erfolgt, bei der dann einige Details noch vertieft erörtert werden. Die Praxis zeigt hingegen, dass genau dieser Fall viel seltener eintritt, als vielfach angenommen wird. Entweder herrscht peinliches Schweigen, wenn das Publikum aufgefordert wird, Fragen zu stellen – oder die Fragen sprudeln nur so heraus und nehmen eine ganz andere Richtung, als erwartet. Beides kann dazu führen, dass der Auftritt ein unschönes Ende nimmt. Eine wirkliche Patentlösung für dieses Problem gibt es leider nicht. Dennoch können Sie einiges dafür tun, um auch nach der Präsentation souverän aufzutreten:

1. Planen Sie immer auch das kaum Planbare ein und bereiten Sie sich selbst auf eine mögliche Diskussion und auf Fragen vor – auch dann, wenn ursprünglich keine Diskussionsrunde vorgesehen ist.

2. Beenden Sie Ihre Präsentation nicht mit einer Floskel wie „Haben Sie noch Fragen?". Werden Sie stattdessen konkret: „Welche Fragen haben Sie zu XY?" Bedenken Sie, dass Ihre Zuhörer bislang in einer passiven Rolle waren und nun plötzlich selbst aktiv werden sollen. Oftmals gelingt dieser Übergang nicht ohne Weiteres, und das Publikum bleibt schweigsam, was dann ein wenig peinlich werden kann. Diese Situation können Sie entschärfen, wenn Sie eine konkrete Person ansprechen: „Frau Müller, als ich vorhin meine Lösung erläuterte, schienen Sie etwas überrascht zu sein. Haben Sie dazu noch Fragen?"

3. Selbst die beste Präsentation kann nicht immer alle Fragen klären. Überlegen Sie sich also schon im Vorfeld, welche Fragen womöglich offen bleiben. Denken Sie hierbei bewusst aus der Perspektive Ihrer spezifischen Zuhörer und überlegen Sie sich prophylaktisch die passenden Antworten. Würden Sie übrigens zweimal die gleiche Präsentation vor unterschiedlichem Publikum halten, können völlig verschiedene Fragen aufkommen.

Ob und inwiefern Diskussionsbedarf besteht, ist also nicht nur von Ihnen und Ihrer Präsentation abhängig, sondern ebenso vom jeweiligen Publikum.

4. Zuweilen ist eine offizielle Frage- oder Diskussionsrunde nicht erforderlich. Geben Sie Ihren Zuhörern dennoch die Gelegenheit, Ihnen im Nachhinein quasi informell Fragen zu stellen. Vielfach sind gerade solche informellen Runden besonders geeignet, um weitere Überzeugungsarbeit zu leisten. Es wäre also ein Fehler, nach der Präsentation demonstrativ die Sachen einzupacken und rasch das Weite zu suchen. Das Gegenteil ist richtig: Gehen Sie auf das Publikum zu und signalisieren Sie Ihren Zuhörern, dass Sie gerne für vertiefende Gespräche bereitstehen.

17.2 Von der Präsentation zum Gespräch

Es kommt leider häufig vor, dass ein Vortragender, solange er auf der Bühne steht, einen kompetenten Eindruck macht und auch ganz persönlich eine gute Figur abgibt – im Einzelgespräch nach der offiziellen Veranstaltung erweist sich derselbe Mensch dann plötzlich als weniger souverän und ist nicht in der Lage, auf sein Gegenüber einzugehen. Solche Defizite machen natürlich die beste Veranstaltung schnell wieder zunichte – zumal die Zuhörer den Eindruck aus dem persönlichen Gespräch eher noch als die Präsentation selbst mit nach Hause nehmen werden. Das heißt für Sie: Auch wenn Sie es selbst gar nicht wollen, als Auftretender haben Sie eine gewisse Distanz zum Publikum – bei größeren Veranstaltungen sogar im wahrsten Sinne des Wortes. Beim anschließenden (informellen) Gespräch ist Ihre Rolle jedoch eine etwas andere: Nun sind Sie in erster Linie ein begehrter Gesprächspartner. Dieser Rollenwechsel gelingt nicht allen Referenten gleich gut.

Das liegt vor allem daran, dass der Vortragende vor wenigen Minuten noch vor allem Redner und Präsentator war und nun selbst zum Zuhörer wird. Und genau daran mangelt es vielen Gesprächen: Der Präsentator ist nicht ausreichend in der Lage, seinen Gesprächspartnern zuzuhören, und kann deshalb auch ihre Fragen nicht zufriedenstellend beantworten. Das ist allerdings auch nicht ganz einfach. Gerade standen Sie quasi als Alleinredner auf der Bühne, und wenige Momente später sehen Sie sich den unterschiedlichen Fragen von – mitunter zahlreichen – Teilnehmern ausgesetzt. Zudem sind Sie womöglich erschöpft und gleichzeitig noch etwas aufgekratzt vom Adrenalin des Auftritts. Das Konzentrieren auf den Gesprächspartner wird dadurch nicht gerade einfacher. Die erste und wichtigste Regel für die Phase nach dem Auftritt lautet daher: Hören Sie Ihrem Gesprächspartner aufmerksam zu. Es klingt einfach, zeigt sich in der Praxis jedoch immer wieder als echte Schwierigkeit: Hören Sie genau hin, was Ihr Gesprächspartner sagt, und auch, was er mit seinen Worten meint. Dadurch beweisen Sie nicht nur einen guten Kommunikationsstil, sondern zeigen sich auch als aufmerksamer Zuhörer, den die Meinungen und Ansichten des Gegenübers tatsächlich interessieren.

> Vollziehen Sie den Rollenwechsel vom Referenten zum Gesprächspartner ganz bewusst.

Indem Sie sich als guter Zuhörer erweisen, der die Fragen der Beteiligten inhaltlich und vor allem auch menschlich versteht und nachvollziehen kann, wirken Sie souverän und bauen gleichzeitig die störende Distanz ab. Beachten Sie bei allen Gesprächen nach Präsentationsveranstaltungen außerdem:

- Gehen Sie unvoreingenommen und ohne Vorurteile auf die Teilnehmer zu und beantworten Sie auch solche Fragen, die Ihnen selbst profan erscheinen.
- Nehmen Sie jeden Gesprächspartner und jede Frage ernst.
- Schenken Sie Ihren Gesprächspartnern volle Aufmerksamkeit (der Worst Case ist ein Präsentator, der mit der einen Hand bereits seine Tasche packt und einem Teilnehmer nebenbei einige Informationen hinwirft).

- Versuchen Sie, auch wenn es in solchen Momenten etwas schwierig ist, sich in die Lebenswirklichkeit Ihres Gegenübers einzufühlen, und passen Sie Ihre Antworten individuell an.

- Stellen Sie sich deshalb auf jeden Einzelnen ein, hören Sie ihm genau zu und achten Sie insbesondere auf Zwischentöne, die Zustimmung, Ablehnung oder Verunsicherung signalisieren.

- Drücken Sie sich (unmiss-)verständlich aus – das heißt, gehen Sie sehr sparsam mit Fachausdrücken um, die Ihr Gegenüber womöglich nicht kennt. Eine gemeinsame Sprache vermittelt Nähe, fehlendes Verständnis führt dagegen zu Distanz.

- Bedenken Sie, dass Sie als Referent zwar auch im anschließenden Gespräch eine Sonderrolle einnehmen, jedoch nicht befragt werden, um weitere Monologe zu halten. Lassen Sie Ihre Gesprächspartner unbedingt ausreden und achten Sie auf halbwegs ausgewogene Redeanteile.

Wenn Sie diese Punkte beachten, haben Sie den Auftritt selbst souverän über die Bühne gebracht und konnten obendrein auch noch im persönlichen Gespräch überzeugen. Erst dadurch wird die gesamte Veranstaltung zu einem Erfolg.

18. Ein guter Anlass, um Kontakte zu knüpfen

Wie schon insbesondere in Kapitel 3 beschrieben, ist ein öffentlicher Auftritt immer eine optimale Gelegenheit, um sich selbst ins rechte Licht zu rücken. Das gilt für den Auftritt selbst, jedoch auch für die Phase im Anschluss. Der Auftretende steht nach wie vor im Mittelpunkt und dem Publikum Rede und Antwort. In den meisten Fällen werden mehrere Zuhörer von selbst das Gespräch mit dem Referenten suchen. Er kann jedoch auch gezielt auf einzelne Zuhörer zugehen und selbst einen Kontakt anbahnen. Beides ist überaus nützlich, um neue Kontakte zu knüpfen. Denn wie jeder weiß, zählen im Beruf nicht nur die eigenen Fähigkeiten, sondern eben auch die richtigen Beziehungen zur rechten Zeit. Wer keine Fürsprecher hat, nicht weiß, an wen er sich wenden soll, und allein auf weiter Flur steht, hat es ungleich schwerer als ein anderer, der auf ein weites und tragfähiges Netzwerk zurückgreifen kann. Viele Entscheidungen sind in letzter Konsequenz Vertrauenssache. Wer eine Entscheidung zu treffen hat – beispielsweise über die Vergabe eines Auftrags –, hat damit auch die Qual der Wahl und will keinesfalls eine Entscheidung fällen, die sich später als Fehler erweist. Die Frage ist damit, ob die entsprechende Person ihre Entscheidung zugunsten einer ihr völlig fremden Person trifft oder ob sie lieber auf Sie zurückgreift, weil sie Sie bereits persönlich kennt. In den meisten Fällen wird zugunsten einer bereits bekannten Person entschieden, denn durch die vorhandene Beziehung haben Sie einen eindeutigen Vertrauensbonus. Das gilt übrigens selbst dann, wenn Sie nur „um drei Ecken" bekannt sind und von einem anderen (aus Ihrem Netzwerk) empfohlen wurden. Damit sind Sie allen Mitbewerbern den entscheidenden Schritt voraus. Nutzen

> Gerade im Anschluss einer Veranstaltung haben Sie die Gelegenheit, mit den Teilnehmern ins Gespräch zu kommen und so neue Kontakte zu knüpfen.

Sie Ihre Auftritte deshalb dazu, neue Kontakte herzustellen und bestehende Kontakte zu vertiefen – sich also wieder ins Gedächtnis zu rufen.

18.1 Bei Veranstaltungen neue Kontakte knüpfen

Gute Netzwerke gelten zu Recht nicht nur als Erfolgsfaktor, sondern zugleich auch als eine wirkungsvolle Versicherung gegen Misserfolge. Wer sozial geschickt und vorausschauend agiert, kann bereits in recht kurzer Zeit wichtige Kontakte knüpfen und auf ein persönliches Netzwerk zugreifen. Denken Sie vor dem Auftritt deshalb nicht einzig an die inhaltlichen und strukturellen Fragen der Veranstaltung, sondern gleich einen Schritt weiter – nämlich daran, inwieweit der Auftritt Ihnen ganz persönlich von Nutzen sein könnte. Ergreifen Sie also die Gelegenheit, um mit anderen ins Gespräch zu kommen. Dabei geht es natürlich keineswegs darum, sich anzubiedern. Das Ziel ist vielmehr, überhaupt einen Kontakt anzubahnen und den eigenen Namen beim Gegenüber zu verankern.

In vielen Fällen werden Sie schon vor dem Auftritt wissen, wer im Publikum sein wird und welche Kontakte sich als hilfreich erweisen könnten. Versorgen Sie sich mit Informationen über die anwesenden Personen und die Institutionen, die vertreten sein werden. Wer sind also die Gastgeber und wer die Gäste? Ist beispielsweise ein Unternehmen der Veranstalter, benötigen Sie Informationen über die Firmengeschichte sowie über die Produkte und Leistungen der Firma. Außerdem kann es nützlich sein zu wissen, wer die wichtigsten Kunden sind. Denn neben Ihrem Auftritt werden später genau diese Punkte die Gesprächsthemen sein.

Inwieweit es Ihnen gelingt, neue Kontakte zu knüpfen, hängt natürlich sehr von Ihrem persönlichen Auftreten ab. Beachten Sie bitte für die Phase nach dem Auftritt die folgenden Punkte:

1. Auch wenn Sie zum vierten Mal auf den gleichen Aspekt Ihrer Präsentation angesprochen werden: Beantworten Sie jede Frage geduldig und in der gebotenen Ausführlichkeit.
2. Ein guter Kommunikationsstil ist immer vorteilhaft. Hören Sie Ihren Gesprächspartnern sehr aufmerksam zu, stellen Sie selbst interessiert Fragen und behalten Sie alle vertraulichen Informationen, die Sie erhalten, unbedingt für sich. Diskretion ist eines der obersten Gebote, wenn es darum geht, tragfähige Beziehungen herzustellen.
3. Halten Sie sich mit Kritik zurück. Und falls Sie selbst kritisiert werden – bleiben Sie diplomatisch. Wählen Sie also nicht den Konfrontationskurs.
4. Bei allen Erstkontakten empfiehlt es sich, mehr über Gemeinsamkeiten und weniger über Divergenzen zu sprechen. Dabei darf es neben den beruflichen Fragen auch um völlig unverfängliche Themen gehen.
5. Verbreiten Sie keinesfalls Gerüchte oder Klatsch. Sprechen Sie niemals schlecht über andere.
6. Wenn Sie eine Einladung, eine Information, konkrete Hilfe erhalten oder einen Kontakt vermittelt bekommen – bedanken Sie sich. Machen Sie dabei deutlich, welchen Wert der Kontakt für Sie hat.
7. Falls es sich anbietet, vermitteln Sie selbst hilfreiche Kontakte. Dadurch können Sie ohne großen Aufwand dazu beitragen, anderen zu helfen und ihre Probleme zu lösen. Im Gegenzug wird man im rechten Augenblick auch an Sie denken.

18.2 Kontakte wollen gepflegt werden

Ein Vortragender hat es in der Regel sehr leicht, im Rahmen der Veranstaltung neue Kontakte zu knüpfen. Doch Kontakte nur herzustellen ist das eine, sie zu vertiefen und dauerhaft zu erhalten ist das andere. Und natürlich sind neue Kontakte dann besonders wertvoll, wenn daraus tragfähige Beziehungen wachsen, die eine

> Es reicht nicht, neue Kontakte anzubahnen. Neue Kontakte wollen gepflegt und vertieft werden.

möglichst lange Zeit halten. Dies gelingt weitaus seltener als das reine Anbahnen von Kontakten. Doch ein neuer Kontakt nützt natürlich wenig, wenn er nach wenigen Tagen oder Wochen schon wieder in Vergessenheit gerät. Netzwerke sind nicht auf kurzfristige Erfolge ausgelegt. Sie sind vor allem dann wirkungsvoll, wenn die einzelnen Beziehungen belastbar sind und also nicht nach kurzer Zeit schon wieder abreißen. Das heißt, sowohl alte als auch neue Kontakte wollen gepflegt werden.

Damit dies gelingt, braucht es ein wenig Hintergrundwissen. Einem guten Netzwerk liegen zwei psychologische Eigenschaften der Menschen zugrunde: Jeder Mensch hilft gerne und gibt mit Vorliebe Hilfestellungen und Tipps. Menschen versorgen also andere mit Informationen oder stehen tatkräftig zur Seite, wenn sie glauben, dass es dem anderen etwas nützt. Andererseits brauchen alle Menschen Anerkennung; sie tun Gutes nicht nur, um anderen zu helfen, sondern eben auch, weil sie Aufmerksamkeit und Dankbarkeit ernten wollen. Für die Beziehungspflege in Netzwerken heißt das: Sie funktioniert nur in einem ausgewogenen Wechselspiel aus Geben und Nehmen. Wer nun sein Netzwerk ausbauen will, ist zudem gut beraten, gerade in der Anfangsphase zuerst in Vorleistung zu treten, damit sich die Kontaktpersonen anschließend revanchieren können. Ein Netzwerk ist wie ein Konto mit Soll und Haben, wobei im besten Fall niemand ein zu großes Guthaben anhäuft und niemand zu stark ins Minus gerät.

> Netzwerke funktionieren nur im Wechselspiel von Geben und Nehmen. Bei einem ausgewogenen Verhältnis gedeihen sie am besten.

Ein Netzwerk bleibt nur dann nachhaltig funktionstüchtig, wenn keine dauerhaft einseitigen Belastungen stattfinden – unbedingt ist also auf Ausgewogenheit zu achten. Jede Leistung, jeder Dienst, der Ihnen erwiesen wird, braucht eine Honorierung, damit das Konto wieder ausgeglichen ist. Erst durch andauernde Kontobewegungen wird das Vertrauen gefestigt und das Netzwerk insgesamt gestärkt. Jede Art von Einseitigkeit stellt ein Netzwerk vor eine Zerreißprobe.

Neben dem gegenseitigen Geben und Nehmen basiert ein gutes Netzwerk auf Verlässlichkeit und Diskretion. Wenn Sie als zuverlässiger Partner gelten, der ohne viel Aufhebens für einen anderen Partner einspringt, wird das die Hilfsbereitschaft Ihnen gegenüber immer erhöhen. Und wenn sich Ihre Partner auf Sie nicht verlassen können, reduziert das die Bereitschaft der anderen, Ihnen unter die Arme zu greifen. – Zuverlässigkeit impliziert dabei immer auch Diskretion. Es muss nicht immer jeder wissen, wer Ihnen welche Informationen unter welchen Umständen besorgt hat. Wichtig ist allein, dass ein Problem gelöst wurde, das Wie ist zunächst nebensächlich und nicht für Außenstehende bestimmt. Es kann erhebliche Spannungen verursachen, wenn ein Netzwerkpartner später um drei Ecken zu hören bekommt, dass er doch kürzlich noch dieses oder jenes für X oder Y getan hat. Im Zweifelsfall sollten Ihre Quellen also diskret im Hintergrund bleiben, zumal immer Personen da sind, die sich zum eigenen Vorteil gerne auf bereits vorhandene und mühsam aufgebaute Netzwerke anderer stürzen.[4]

Eine dauerhafte Kontaktpflege ist zudem nur dann möglich, wenn das Netzwerk nicht zu groß wird. Es wird immer wieder darauf hingewiesen, dass man gar nicht zu viele Kontakte haben kann. Das stimmt zwar, hat jedoch den Haken, dass die Größe eines Netzwerks natürliche Grenzen hat – zumal dann, wenn nicht unendlich viel Zeit aufgewendet werden kann, um alle Beziehungen regelmäßig zu pflegen. Wenn Sie Ihre persönlichen Erfolgschancen durch Netzwerke erhöhen wollen, ist es daher empfehlenswert, wenn Sie sich in der seriösen Fachliteratur insbesondere darüber informieren, wie ein individuell sinnvolles Netzwerk aufgebaut werden kann. In allen Fällen bieten Auftritte vor Publikum eine sehr gute Gelegenheit, um leicht neue Kontaktpersonen kennenzulernen.

---

4   Vgl. Etrillard, Stéphane: *Mit Diplomatie zum Ziel. Wie gute Beziehungen Ihr Leben leichter machen.* Gabal, 2013.

19. | Auftritte in der digitalen Welt

Immer mehr Menschen zeigen sich ganz begeistert von den Möglichkeiten, die die digitale Welt auch für öffentliche Auftritte bietet. Andere sind skeptisch und glauben, mit diesem Thema nichts zu tun zu haben. Beides kann ein Irrtum sein. Heute ist es schnell passiert, dass ein Vortrag aufgezeichnet und digital versendet oder ins Internet gestellt wird. Und Unternehmen mit unterschiedlichen Standorten setzen verstärkt auf Onlinekonferenzen, insbesondere dann, wenn es sich um international agierende Firmen handelt. So kommt es inzwischen häufiger vor, dass so mancher Mitarbeiter seine Kollegen noch nie persönlich zu Gesicht bekommen hat. Die Kontakte und die gesamte Kommunikation finden rein digital statt. Auftritte in der digitalen Welt sind also längst Realität und können nahezu jeden betreffen. – Die mancherorts verbreitete Euphorie über die neuen Möglichkeiten hat sich jedoch auch vielfach schon wieder aufgelöst. Zwar sind viele Vorzüge der digitalen Kommunikation nicht von der Hand zu weisen. Übersehen wird dabei jedoch, dass die Technik zuweilen doch noch ihre Tücken hat, und vor allem, dass es einen enormen Unterschied macht, ob wir jemanden bei einem persönlichen Auftritt oder am Bildschirm überzeugen wollen. Denn längst nicht jeder, der einen Computer bedienen kann, ist auch in der Lage, vor Kamera und Mikrofon souverän aufzutreten. Obendrein stellen sich verstärkt rechtliche Fragen, die lange Zeit einfach ignoriert wurden, was dann unter Umständen zu einem bösen Erwachen führte.

> Traditionelle Vorträge und Präsentationen sind nur zum Teil mit Onlineauftritten vergleichbar, bei denen der Vortragende nur auf dem Bildschirm zu sehen ist.

Es gibt unzählige Varianten eines digitalen öffentlichen Auftritts. Jede einzelne hat ihre Besonderheiten, die jeweils genauer zu erörtern den Rahmen dieses Buches sprengen würde. Doch gibt es viele Aspekte, die für alle Auftritte dieser Art von ähnlicher Bedeutung sind. Wobei es natürlich einen Unterschied macht, ob es sich um die reine Aufzeichnung beispielsweise einer Präsentation, um ein Webinar oder um eine Onlinekonferenz handelt.

19.1 Online überzeugen

Ein wesentliches Problem gilt für alle Formen von Auftritten in der digitalen Welt: Bei einem traditionellen Auftritt hat der Vortragende die Möglichkeit, auf die Reaktionen des Publikums unmittelbar zu reagieren. Bei einem Auftritt vor Publikum, dessen Reaktionen man in den meisten Fällen nicht sehen kann, ist das nicht möglich. Weil dem Vortragenden das direkte Feedback des Publikums fehlt und er keine Möglichkeiten zur direkten Interaktion hat, weiß er auch nicht, ob die Zuhörer aufmerksam bei der Sache sind, ob sie vielleicht Verständnisprobleme haben und ob seine Botschaften überhaupt wie beabsichtigt ankommen.

Das ist ein wesentlicher Unterschied zu traditionellen Auftritten, bei denen der Vortragende sofort spürt, wenn die Aufmerksamkeit der Zuhörer nachlässt. Die Stimmung im Raum und das Verhalten der einzelnen Zuhörer liefern dafür wichtige Indizien. Auch kann bei Verständnisproblemen und Rückfragen sofort reagiert werden. Das macht den Auftritt lebendig und für die Zuhörer interessant. All diese Optionen, die ja letztlich ein wesentliches Merkmal von Auftritten vor Publikum sind, fehlen bei der digitalen Variante zumindest weitgehend. Als Folge wirken digitale Auftritte häufig entweder steril oder gekünstelt.

Digitale Präsentationen oder Vorträge sind ein anderes Metier als traditionelle Auftritte. Auch deshalb, weil die Ablenkungsmöglichkeiten beim Anschauen beispielsweise einer aufgezeichneten Onlinepräsentation überdurchschnittlich hoch sind. Und ein Moment der Langeweile reicht, und der Zuschauer

> Onlineauftritte haben ihre ganz speziellen Tücken.

spult vor oder klickt die Präsentation einfach weg. Selbst bei Onlinekonferenzen, die live stattfinden, haben die Beteiligten weniger Möglichkeiten, direkt ins Geschehen einzugreifen, als bei traditionellen Konferenzen. Letztlich bleibt fraglich, was wirklich hängen bleibt und ob sich der Zuschauer vielleicht nur berieseln lässt, statt wirklich aufmerksam den Informationen zu folgen.

Das heißt: Nur mit gut durchdachten und ebenso gut umgesetzten digitalen Auftritten können Sie Ihr Ziel erreichen. Die wichtigsten Punkte dabei sind:

Kurz und bündig: Die Aufmerksamkeitsspanne der Zuschauer am Bildschirm ist meist weit geringer als die bei einer Liveveranstaltung. Vermeiden Sie daher jede Langatmigkeit und alle überflüssigen Exkurse.

Genaue Planung: Die Interaktion mit dem Publikum macht den Reiz traditioneller Auftritte aus. Diese Option entfällt bei einem aufgezeichneten Auftritt. Versuchen Sie deshalb, die für das Publikum relevanten Inhalte und Problematiken im Vorfeld so genau wie möglich zu identifizieren. Machen Sie schon zu Beginn deutlich, was das Publikum erwartet und wie es von der Veranstaltung profitiert.

Freies Sprechen: Was bei traditionellen Auftritten bereits wenig souverän wirkt, in Ausnahmefällen und zu bestimmten Phasen eines Auftritts jedoch akzeptabel sein kann, ist für das Publikum eines Onlineauftritts überaus fade: Das Ablesen von längeren Textpassagen. Die Zuschauer schalten sofort ab und im wahrsten Sinne des Wortes aus, wenn das Geschehen sie langweilt. Freies Sprechen ist deshalb ein Muss bei Onlineauftritten.

Körpersprache bewusst einsetzen: Eine Onlinepräsentation braucht noch mehr Dynamik als ein traditioneller Auftritt. Ein bewusster Einsatz der Körpersprache ist deshalb besonders wichtig. Auch ist es wenig empfehlenswert, die ganze Zeit steif hinter dem Rednerpult zu stehen. Bewegen Sie sich und setzen Sie Ihre Körpersprache ein, jedoch ungekünstelt und so, dass Ihre Bewegungen nicht unruhig wirken – übertreiben Sie es also nicht. Verzichten Sie insbesondere auf plötzliche, ruckartige Bewegungen.

Bild- und Klangqualität prüfen: Jedes Manko bei der Bild- und Klangqualität macht den Auftritt für das Publikum zu einer zähen Prozedur. Obendrein wirken qualitative Einschränkungen dieser Art überaus unprofessionell. Verwenden Sie deshalb nur Aufzeichnungsgeräte von hoher Qualität und achten Sie auf eine optimale Positionierung von Mikrofon und Kamera. Machen Sie Probeaufzeichnungen, um sich selbst ein Bild zu machen.

Die richtige Kleidung: Die Kleidung soll den Auftritt unterstützen, keinesfalls jedoch dominieren! Ein strahlendes Weiß kann ebenso problematisch sein – abhängig vom Anlass – wie alle sehr grellen und aggressiven Farben oder tiefes Schwarz. Häufig wird auch nicht berücksichtigt, dass kleine Muster ein Flimmern verursachen und damit den Zuschauer stören. – Verzichten Sie bei Ihrem Auftritt außerdem unbedingt auf prunkvollen Schmuck und auf protzige Statussymbole.

Rechtliche Fragen klären: Häufig wird vergessen, dass öffentlich zugängliche Reden, Vorträge und Präsentationen, die online verbreitet werden, unter Umständen von einem sehr großen Publikum gesehen werden. Das kann einen unbedarften Redner schnell in rechtliche Schwierigkeiten bringen! Klären Sie unbedingt, ob eine Aufzeichnung erlaubt ist – das betrifft insbesondere die Persönlichkeitsrechte der Anwesenden und auch mögliche Betriebsgeheimnisse. Verwenden Sie nur Material (Bilder, Grafiken), bei dessen Nutzung es keine Kollisionen mit dem Urheber- beziehungsweise den Nutzungsrechten geben kann. Bedenken Sie dabei, dass auch öffentlich zugängliches Grafik- und Bildmaterial insbesondere dann urheberrechtlich geschützt sein kann, wenn es zu kommerziellen Zwecken verwendet wird. Informieren Sie auch das vor Ort anwesende Publikum, dass die Veranstaltung aufgezeichnet wird.

Technische Bearbeitung: Je nach Art des Onlineauftritts ist eine technische Nachbearbeitung (Schnitte, Einbindung von Ton und Bild) erforderlich. Fehlt das nötige Fachwissen, wirkt das Ganze schnell amateurhaft. Auch der Umgang mit spezieller Software für Onlinepräsentationen will gelernt sein, selbst wenn oft suggeriert wird, dass der Einsatz derartiger Software ein Leichtes sei.

19.2 Die Stimme als zentrales Element

Bei jedem Auftritt ist der bewusste Einsatz der eigenen Stimme ein maßgeblicher Faktor, der die eigene Ausstrahlung und die Wirkung sehr stark prägt. Die Wirkung Ihrer gesamten Persönlichkeit wird durch Ihre Stimme beeinflusst. Das gilt umso mehr für Onlineauftritte. Ihre Stimme ist und bleibt das zentrale Element Ihres Auftritts. Und Ihre Stimme ist das, was Sie und Ihre Präsentation einzigartig macht, was der Sache Ihren individuellen Stil verleiht, den niemand kopieren kann, denn Ihre Stimme ist einzigartig.

> Die wirkungsvolle Stimme des Vortragenden verleiht einem Onlineauftritt Einzigartigkeit.

Die Stimme ist für viele Menschen ein Indikator für die innere Verfassung einer Person und sogar für bestimmte Charakterzüge. So werden aus dem Klang der Stimme nicht selten Rückschlüsse auf die Persönlichkeit eines Menschen gezogen – das sind nicht unbedingt zutreffende Schlussfolgerungen, jedoch wirksame. Und nicht selten treffen diese Vermutungen auch den Kern, denn tatsächlich offenbart unsere Stimme – unbewusst und auch unbeabsichtigt – oft unsere innere Einstellung, da das sensible System unserer über hundert Sprechmuskeln in hohem Maße dem Einfluss unserer Emotionen unterliegt. Diese sind im Ton der Stimme nur schwer zu verbergen.

Deshalb hat der Klang Ihrer Stimme auch entscheidende Auswirkungen auf den Erfolg des gesamten Auftritts. Vorteilhaft sind:

- ein angenehmer Ton
- eine klare Artikulation
- eine melodische Stimmführung
- eine klare Betonung
- eine feste Stimme
- eine verständliche Ausdrucksweise
- eine abwechslungsreiche und rhythmische Sprechweise (durch Variationen in der Lautstärke und den bewussten Einsatz von Pausen)

Wenn es um die Frage der Verständlichkeit eines gesprochenen Textes geht, ist das A und O natürlich die akustische Deutlichkeit. Beachten Sie deshalb die folgenden Grundregeln:

- Achten Sie auf eine gute Positionierung des Mikrofons beziehungsweise Headsets. Verwenden Sie nur qualitativ hochwertige Mikrofone, da die Qualität des Mikrofons den Klang der Stimme stark beeinflusst.
- Sprechen Sie ausreichend laut und achten Sie darauf, dass Ihre Stimme in angenehmer Lautstärke abgemischt wird.
- Artikulieren Sie sehr deutlich! Das heißt nicht, dass Sie bis zur Verzerrung überartikulieren sollen. Achten Sie nur auf eine klare und deutliche Aussprache und ziehen Sie bei Bedarf einen Sprechtrainer hinzu. Oft ist auch ein Training der Atemtechnik sehr hilfreich.
- Achten Sie auf Ihr Sprechtempo! Bekanntermaßen sprechen die meisten Menschen zu schnell. Überprüfen Sie also Ihr eigenes Tempo. Wechsel im Tempo können Sie benutzen, um bestimmte Passagen oder Aussagen hervorzuheben. Ein deutlich verlangsamtes Tempo signalisiert hierbei eine größere Wichtigkeit.
- Machen Sie Sprechpausen! Mit Bedacht und sparsam eingesetzt, geben sie einerseits den Zuhörern die Möglichkeit, das Gesagte zu überdenken und besser aufzunehmen, andererseits verschaffen sie Ihnen Gelegenheit, kurz durchzuatmen und sich neu zu konzentrieren.

- Vermeiden Sie monotones Sprechen! Eine variantenreiche Modulation der Stimmführung erhöht die Aufmerksamkeit Ihrer Zuhörer und bietet Ihnen überdies die Möglichkeit, Akzente zu setzen.
- Achten Sie auf die Sinneinheiten des Satzes. Nur wenn Sie sinnerfassend sprechen, können die Zuhörer Ihnen leicht folgen, was bei Onlineauftritten besonders wichtig ist.

Wenn Sie häufiger vor Publikum (online) auftreten und mit dem Klang Ihrer Stimme nicht zufrieden sind, nutzen Sie ein Stimmtraining. Die Resultate sind oft schon nach kurzer Zeit sehr gut, und das Training gibt Ihnen zusätzliche Sicherheit bei Ihren Auftritten.

19.3 Umgang mit Mikrofon und Kamera

Sind Auftritte vor Publikum für viele Menschen bereits gewöhnungsbedürftig, ist es der gekonnte Umgang mit Mikrofon und Kamera erst recht. Gerade die ungewohnte Situation führt vielfach zu großer Unsicherheit. Sie können sich jedoch gezielt auf Auftritte vor der Kamera und den Umgang mit Mikrofonen vorbereiten.

Mikrofone: Sofern es sich nicht um Ansteckmikrofone oder Headsets handelt, sind sie meistens sehr lästig und verführen gerade den Laien zu peinlichen Missgeschicken. Insbesondere wenn ein Mikrofon nicht fest installiert ist, kann es zu Verhaltensweisen kommen, die einem souveränen Auftritt entgegenwirken:
- Sprechen Sie niemals weiter, wenn Ihnen das Mikrofon entzogen wird!
- Fangen Sie erst zu sprechen an, wenn Sie nah genug am Mikrofon sind.
- Reden Sie immer in Richtung des Mikrofons, gehen Sie dabei nicht zu nah heran, halten Sie jedoch auch nicht zu viel Abstand. Schauen Sie das Mikrofon beim Sprechen grundsätzlich

nicht an! Seien Sie sich der Bedeutung einer guten Tonquali-
tät jederzeit bewusst, tun Sie jedoch so, als wäre das Mikrofon
praktisch nicht vorhanden.

■ Sprechen Sie laut (jedoch nicht zu laut!) und deutlich und nicht
am Mikrofon vorbei.

Kameras: Kameras machen Facetten der Persönlichkeit und des
Erscheinungsbilds unverhohlen sichtbar, die den jeweils Betreffenden oft selbst kaum bewusst sind. Insbesondere kleine Marot-
ten bei Gestik und Mimik werden hier unvorteilhaft verstärkt.
Derartige und auch andere wichtige Aspekte werden von Menschen, die über keine ausgeprägte Erfahrung im Umgang mit Kameras verfügen, häufig vernachlässigt. Bedenken Sie immer, dass
Sie bei Nahaufnahmen überlebensgroß auf dem Bildschirm erscheinen. Schon ein kleiner Makel – ein nervöses Augenblinzeln,
die abstehende Haarsträhne, ungeputzte oder spiegelnde Brillen-
gläser, der unachtsam gebundene Krawattenknoten usw. – kann
sich hier zum ungewollten Eyecatcher potenzieren. Leider sind es
sehr oft eben die Kleinigkeiten, die über die Souveränität des medialen Auftritts entscheiden. Selbst ein noch so kluger und auch
eindrucksvoll formulierter Gedanke kann sofort seine positive
Wirkung verlieren, wenn sich dem Gefilmten währenddessen eine
Fluse im Haar verfängt. Was beim Umgang mit Kameras sonst
noch wichtig ist:

■ Die Kamera sucht sich die aufzunehmende Person, nicht umgekehrt. Sie brauchen Ihre Position also nicht zu verändern, wenn
sich die Kamera bewegt.

■ Lassen Sie sich nicht von Bewegungen der Kamera und der Ka-
meraleute irritieren.

■ Ignorieren Sie alle nicht unmittelbar beteiligten Personen: Vor
der Kamera wirkt eine plötzliche Kopfbewegung irritierend,
weil der Zuschauer nicht sehen kann, worauf sie reagieren.

■ Schauen Sie nicht direkt in die Kamera, fixieren Sie allenfalls
einen Punkt etwas oberhalb oder unterhalb der Linse.

- Bleiben Sie möglichst ungezwungen und vermeiden Sie es, zu schauspielern.
- Bedenken Sie, dass die Kamera nicht nur Ihr Gesicht aufnimmt; rechnen Sie auch mit einem Schwenk auf Ihre Schuhe.
- Sprechen Sie sich mit den für die Technik verantwortlichen Personen und insbesondere den Kameraleuten ab. Nehmen Sie Tipps und Hinweise an.

Je natürlicher Sie sich bei Onlineauftritten vor Mikrofon und Kamera bewegen, umso souveräner wirken Sie. Bedenken Sie, dass es ein Höchstmaß an Professionalität und viel Übung sowie viel technisches Know-how erfordert, um auch bei Onlineauftritten durchweg zu überzeugen. Dieser hohe Aufwand ist vielen nicht bewusst, und die tatsächlich erreichbaren Ergebnisse sind dann oft ernüchternd. Digitale Auftritte können nützlich und sehr hilfreich sein, es schadet jedoch nichts, das Verhältnis von Aufwand und den realisierbaren Resultaten genau im Auge zu behalten.

20. | Infotainment: Informieren und unterhalten

Auch wenn Infotainment, also die unterhaltsame Vermittlung von Informationen, heute immer wieder angepriesen wird, um Vorträge und Präsentationen aufzupeppen, handelt es sich doch um einen alten Begriff. Populär wurde der Begriff bereits Mitte der 1980er-Jahre, als der Medienwissenschaftler Neil Postman in seinem Buch *Wir amüsieren uns zu Tode* das Fernsehen kritisierte. Seiner Meinung nach führte das Infotainment dazu, dass selbst ernste Themen zur oberflächlichen Unterhaltung wurden. Eine Folge davon: Die primär auf einen hohen Unterhaltungswert ausgerichtete Berichterstattung geht zulasten der Glaubwürdigkeit. Diesen Effekt kennen wir bis heute, denn wo Nachrichten ständig aufgepeppt, überzogen und mit Showelementen gewürzt werden, kommt es zur Boulevardisierung. Und die ist in der Regel wenig glaubwürdig.

Trotz dieses eher kritischen Hintergrunds wird das Infotainment immer wieder auch dann ins Spiel gebracht, wenn es um Vorträge und Präsentationen geht. Und eben nicht nur bei Auftritten, die von vornherein der Unterhaltung dienen (siehe Kapitel 4), vielmehr fällt das Schlagwort immer häufiger auch dann, wenn es in den Auftritten darum geht, wichtige Botschaften, Informationen und geschäftlich relevantes Wissen zu vermitteln.

20.1 Was wir von Steve Jobs lernen können – und was nicht

Ein Auslöser für den Hype um das Infotainment war eindeutig Steve Jobs. Seine überaus gekonnten, lässigen und sehr unterhaltsamen Auftritte bei den Präsentationen der unterschiedlichen Apple-Produkte läuteten in gewisser Weise eine neue Ära der Präsentation ein. Steve Jobs und seine Auftritte sind seitdem der Maßstab, an dem sich etliche Präsentatoren nicht nur orientieren, sondern zugleich auch die Zähne ausbeißen. Tatsächlich kann jeder, der öffentlich auftritt, eine Menge von Steve Jobs lernen. Wer sich seine Auftritte anschaut, erkennt sehr schnell:

- den klaren und inhaltlich nachvollziehbaren Ablauf, also den berühmten roten Faden;
- die sehr souveräne Einbindung technischer Hilfsmittel;
- das charismatische und zugleich lässige Auftreten;
- die Begeisterung für das präsentierte Produkt;
- die nutzenorientierte und oft bildhafte Sprache und das Heranziehen von Vergleichen sowie
- die überaus unterhaltsame Präsentation von Informationen.

Das heißt, die Auftritte von Steve Jobs waren eine perfekte Show – und mehr als das: Es waren Präsentationen, die ihren Zweck optimal erfüllten und zugleich Infotainment par excellence boten. Die oben genannten Charakteristika könnten dabei jedem Lehrbuch über Präsentationen entstammen. Steve Jobs hatte diese Regeln (und noch einige mehr) bei jeder seiner Präsentationen voll und ganz erfüllt. Kein Wunder also, dass seine Auftritte bis heute als Inspiration dienen und dem Infotainment zu einer neuen Popularität verholfen haben. – Und natürlich zu Recht: Sich die Präsentationen von Steve Jobs anzuschauen und sich davon inspirieren zu lassen kann sehr lehrreich sein. Allerdings, und dies ist die große Einschränkung, werden nur die wenigsten eine ähnlich perfekte Präsentation wie Steve Jobs hinbekommen. Und dafür gibt es eine Vielzahl an triftigen Gründen:

Steve Jobs hatte einen überaus finanzstarken Weltkonzern hinter sich und ein ganzes Team hochprofessioneller Helfer, die derartige Präsentationen möglich machten (Techniker, Grafiker, Tontechniker, Illustratoren, Texter, Trickanimateure, Regisseure, Filmemacher, Schauspieler usw.). Und wer hat das schon? Jeder eingespielte Videoclip und alle Livedemonstrationen waren bei Steve Jobs außerordentlich professionell, und sie wurden von langer Hand vorbereitet. Dabei steht Steve Jobs auf einer riesigen Bühne mit einer beinahe ebenso riesigen Leinwand. Die meisten von uns können da schon in Sachen Equipment nicht einmal ansatzweise mithalten.

> Steve Jobs hatte nicht nur ein ausgesprochenes Präsentationstalent, er steckte auch sehr viel Zeit und Energie in die Vorbereitung seiner Auftritte.

Obendrein konnte Steve Jobs die allerneuesten und gefragtesten technischen Neuigkeiten präsentieren. Er hatte ein aufsehenerregendes Produkt und eine Marketingmaschinerie, die schon im Vorfeld mehrstellige Millionensummen in die Vermarktung steckte, sodass die Spannung und die Erwartungen bereits enorm waren, bevor Steve Jobs auch nur die Bühne betrat. Die Möglichkeiten der meisten Unternehmen sind damit verglichen meist doch ein oder zwei oder zehn Nummern kleiner.

Schließlich staunen bis heute viele Menschen über die Souveränität von Steve Jobs bei seinen Auftritten. Das sieht alles leicht, ja spielerisch aus und scheint ihm nicht die geringste Mühe zu bereiten. Bei Steve Jobs muss es sich also um ein Naturtalent handeln. – Definitiv hatte Steve Jobs ein großes Präsentationstalent. Doch hat er sich, was weniger bekannt ist, sehr lange und äußerst akribisch auf jeden Auftritt vorbereitet. – Das allerdings kann sich jeder Präsentator zum Vorbild nehmen, wenngleich auch hier die meisten vermutlich weniger Zeit investieren können als Steve Jobs.

20.2 Weit mehr als nur Infotainment

Wir sehen: Apple und Steve Jobs haben den größten Aufwand betrieben, um aus einer Präsentation ein Spektakel zu machen und das Publikum mitzureißen. Für die Präsentationspraxis wird allerdings niemand auf ähnliche finanzielle, zeitliche und personelle Ressourcen zurückgreifen können. Das macht die Präsentationen von Steve Jobs nicht schlechter, es zeigt allerdings, dass wir uns nur bedingt ein Beispiel daran nehmen können. Doch die Apple-Präsentationen von Steve Jobs sind eine reichhaltige Inspirationsquelle, gerade in Sachen Infotainment.

> Eine Prise Infotainment sorgt für etwas frischen Wind bei der Präsentation.

Es heißt, dass fast die Hälfte des Publikums Präsentationen als langweilig oder sogar einschläfernd empfindet. Eine Prise Infotainment würde also vielen Präsentationen gut bekommen. Hierbei kommt es nicht auf eine bombastische Show an, sondern vielmehr auf einige erfrischende Momente. Denn die meisten Präsentationen laufen nach sehr ähnlichem Muster ab und sind wenig einfallsreich. Wer nun beruflich häufiger derartige Veranstaltungen besucht, ist da natürlich schnell gelangweilt – oft durch die Überfrachtung mit Informationen und aufgrund einer faden Informationsvermittlung.

Eine recht ungewöhnliche Variante, um den Unterhaltungswert seiner Präsentationen zu erhöhen, hatte ich einige Male bei einem Kollegen gesehen. (Sie werden diesen Kollegen wahrscheinlich wiedererkennen, denn ich habe ihn in einem früheren Beispiel schon einmal erwähnt.) Dieser Kollege war bekannt für seine zum Teil spektakulären und manchmal auch etwas chaotischen, jedoch stets sehr unterhaltsamen Präsentationen. Ein Markenzeichen von ihm war, dass er sich manchmal Menschen aus dem Publikum auf die Bühne holte und zu „Statisten" machte. Je nachdem, was er zeigen wollte, konnte diese Statistengruppe durchaus fünfzehn oder mehr Personen umfassen. In diesen Fällen war es jedoch oft eine Gratwanderung zwischen Unterhaltung und Chaos.

Für meinen Geschmack war es manchmal ein bisschen zu viel Klamauk, wovon die Inhalte dann zu sehr überlagert wurden. Und es gab auch einmal den Fall, dass das Publikum nicht richtig mitspielte und deshalb das Präsentationskonzept nicht richtig aufging. Doch langweilig waren die Präsentationen dieses Kollegen nie.

Auch hier ging Steve Jobs übrigens einen völlig gegensätzlichen Weg. Sein Rezept war: eine Aussage pro Folie. Genau diese Beschränkung auf die jeweilige Kernaussage ist eines seiner Markenzeichen geworden und hat gewiss dazu beigetragen, dass die wichtigsten Botschaften so gut beim Publikum hängen geblieben sind.

Sie haben darüber hinaus unzählige Möglichkeiten, sich die Aufmerksamkeit des Publikums zu sichern. Beispielsweise durch die Einbindung von:

- Produktdemonstrationen
- Fotos statt herkömmlicher Visualisierungen
- Geschichten und Erlebnissen
- Neuigkeiten aus der Nachrichtenwelt
- Metaphern und plastischen Vergleichen
- Ungewöhnlichen Objekten
- Bild- oder Filmsequenzen, die mit Ton untermalt sind usw.

Das alles macht Ihren Auftritt noch nicht zu einer reinen Showveranstaltung, hilft Ihnen jedoch dabei, dass der Unterhaltungswert nicht gegen null tendiert. Mit nur ein wenig Fantasie werden Sie viele Möglichkeiten entdecken, um sich von anderen Präsentationen positiv abzuheben. Doch was Sie auch tun: Es muss zum Thema, zur Zielgruppe, zum Ereignis und vor allem zu Ihnen selbst als Präsentator passen.

21. | Aus dem Stegreif

Keine Frage, Stegreifreden sind unbeliebt. Für manche ist es geradezu ein Horrorszenario, wie ein Blitz aus heiterem Himmel zum Redner ausgewählt zu werden und plötzlich in eine Menge erwartungsvoller Gesichter zu blicken, die allesamt gespannt sind, was nun wohl kommen mag. Tatsächlich besteht eine gewisse Chance, sich zu blamieren – die allerdings ist weitaus geringer, als die meisten Menschen befürchten. Denn in welchem Kontext es auch dazu kommt, dass jemand wider Erwarten zum Redner wird, in den allermeisten Fällen wird doch nur jemand gefragt, der auch wirklich etwas zur Sache beitragen kann. Das heißt: Sollten Sie jemals zum Stegreifredner werden, dann weil Sie sich im entsprechenden Metier auskennen. Und das ist bereits die halbe Miete. Ob im Beruf oder privat werden Sie nur dann als Redner einspringen, wenn Sie sich tatsächlich dafür eignen: Wer auf einer Hochzeit ein paar Worte sagen soll, kommt schließlich nur deshalb infrage, weil er eine besondere Beziehung zu den frisch Vermählten hat. Und wer beruflich spontan zum Redner wird, weil er für einen anderen einspringen soll oder etwas anderes Unerwartetes geschehen ist, wird ebenfalls nur deshalb gefragt, weil er fachlich dafür besonders geeignet ist.

21.1 Kein Grund, nervös zu werden

Gerade die größte Sorge in Sachen Stegreifreden ist also überaus unrealistisch. Wer sich auskennt, muss auch nicht befürchten, sich zu blamieren und die falschen Worte zu stammeln. Falls Sie also einmal in die Lage kommen, eine Rede improvisieren zu sollen, heißt die erste und wichtigste Regel: keine Panik. Sie kennen sich in der Sache aus, wissen, worum es geht, und verfügen über das nötige Know-how. Damit gibt es keinen Grund, nervös zu werden.

Zudem brauchen Sie das Rad nicht neu zu erfinden, vielmehr ist es Ihre Aufgabe, über das zu sprechen, worüber Sie selbst am besten Bescheid wissen.

Sie haben also allen Grund, die Sache gelassen anzugehen. Wenn Ihnen noch etwas Vorbereitungszeit bleibt, nutzen Sie diese Zeit, um sich die wesentlichen Aussagen zum Thema und die besten Argumente zu vergegenwärtigen und am besten gleich auch noch zu notieren. Sich etwas selbst aufzuschreiben hat immer einen guten Lerneffekt und verschafft Ihnen zudem noch mehr Sicherheit. Vielfach wird angenommen, dass es bei Spontanauftritten darum geht, die Zeit auszufüllen – das allerdings ist gerade in diesem Fall zweit- oder eher sogar drittrangig. Bei Stegreifreden haben Sie gewisse Freiheiten: Und war für den Auftritt ursprünglich eine Redezeit von 20 Minuten eingeplant, macht es gar nichts, wenn Sie nur fünf benötigen (statt den Auftritt mit leeren Phrasen und Nebensächlichkeiten zu füllen). Sie stehen also nicht in der Pflicht, die eingeplante Zeit voll auszunutzen. Statt vom Hundertsten ins Tausendste abzudriften, ist es weitaus vorteilhafter, mit wenigen, dafür relevanten Aussagen und klaren Botschaften zu punkten.

> Sollten Sie jemals zum Stegreifredner werden, dann weil Sie sich im entsprechenden Metier auskennen. Es besteht also kein Grund zur Sorge.

Reden Sie also nicht um den heißen Brei herum, nur um die Zeit totzuschlagen. Darum geht es nicht, sondern darum, die wesentlichen Informationen zu vermitteln und das zu sagen, was zu sagen ist. Wichtig ist dabei, dass Sie auch in einer Stegreifrede den roten Faden nicht verlieren. Überlegen Sie sich deshalb, wo Ihr Ausgangspunkt ist, was wichtige Etappen sind und wo schließlich das Ziel ist. Was gerade für eine spontane Rede etwas schwierig klingt, ist mit kleinen Tricks letztlich doch recht simpel: Sie brauchen keine komplexe Redestruktur, sondern schlicht und einfach einen roten Faden, der dafür sorgt, dass Sie selbst nicht vom Weg abkommen und dass Ihre Zuhörer Ihnen problemlos folgen können.

21.2 Mit der Dreiteilung zum roten Faden

Nutzen Sie im Fall des Falles einfache, jedoch bewährte Methoden, die Ihnen helfen, einen Auftritt auch dann zu strukturieren, wenn keine Zeit für eine ausführliche Vorbereitung bleibt. Nahezu jedes Thema lässt sich in einzelne Etappen, Schritte oder Phasen unterteilen. Das hilft Ihnen dabei, Ihre Rede nachvollziehbar aufzubauen. Eine einfache Methode ist die Unterteilung in drei Schritte, wie beispielsweise:

- gestern, heute, morgen
- erstens, zweitens, drittens
- pro, kontra, Fazit

Eine derartige Struktur passt fast immer, ist übersichtlich und für jeden nachvollziehbar. Sie könnten also beschreiben, wie es war, wie es ist und wie es in Zukunft sein wird. Wenn Sie dabei mehr in die Tiefe gehen wollen, können Sie Auswirkungen, Risiken und Chancen, Vorteile und Nutzen und dergleichen in die Rede ausbauen. Sehr gut ist es immer, wenn Sie anschauliche Beispiele nennen können. Manchmal sind Reden aus dem Stegreif spannender oder doch wenigstens charmanter als ein bis ins Detail geplanter Auftritt, gerade weil die entscheidenden Fragen auf den Punkt gebracht werden. Denken Sie dennoch auch jetzt an die Perspektive Ihres Publikums. Überlegen Sie sich, was die wichtigsten Fragen Ihrer Zuhörer sind beziehungsweise, wenn es sich um eine Rede im privaten Rahmen handelt, was für Ihre Zuhörer interessant ist. Bedenken Sie in beiden Fällen auch, welche Themen Sie lieber nicht ansprechen. Dieser Aspekt ist jetzt besonders wichtig, da ein unüberlegtes Wort durchaus unangenehme Konsequenzen nach sich ziehen kann.

Außerdem spielt die eigene Persönlichkeit jetzt eine noch größere Rolle. Gerade weil Sie sich bei spontanen Auftritten nicht mehr ganz so eng ans Protokoll halten müssen, sind Sie selbst, Ihre Kenntnisse und Ansichten gefragt. Wer die Sache unbefangen angeht, wirkt dabei besonders authentisch und somit doppelt glaubwürdig. Eine spontane Rede kann daher eine echte Chance und unter Umständen überzeugender sein als ein vorab geplanter Auftritt streng nach Protokoll. In keinem Fall ist sie ein Grund, nervös zu werden. Schließlich hat derjenige, der spontan einspringt, das Wohlwollen und die Sympathien der Zuhörer auf seiner Seite. Obendrein wird niemand einen perfekten Auftritt von Ihnen erwarten. Sorgfältig geplante Reden und Präsentationen hat jeder, vor allem im Beruf, schon tausendmal gehört – da kann es geradezu erfrischend sein, wenn einmal etwas nicht ganz nach Plan verläuft.

> Niemand erwartet von einem Stegreifredner einen perfekten Auftritt.

22. | Bitte nicht

Etliche Reden, Vorträge und Präsentationen verfehlen ihr Ziel, sind für die Zuhörer ermüdend und nicht selten sogar geradezu unangenehm – was genau genommen erstaunlich ist: Denn als Zuhörer wissen wir genau, was uns gerade an einem Auftritt missfällt. Sind wir dann jedoch selbst an der Reihe, vor Publikum aufzutreten, begehen wir genau die Fehler, die uns zuvor als Zuhörer noch gestört haben. Dabei würden alle Auftritte sofort davon profitieren, wenn wir selbst als Präsentierender das unterlassen, was uns nervt, wenn wir selbst Zuhörer sind. Klingt einfach, ist es auch – und dennoch ändert sich wenig. Was wohl daran liegt, dass viele denken, dass man das eben so mache, und sich nicht trauen, einen anderen Weg zu gehen. Solche Gewohnheiten führen häufig auch dazu, dass (schlechte) Präsentationsvorlagen von Kollegen oder einem selbst wieder und wieder verwendet werden.

Ein erster Schritt zum gelungenen Auftritt: typische Fehler unterlassen.

Mehr als einmal habe ich in Unternehmen, in denen ich Seminare oder Coachings durchführte, von den Mitarbeitern erfahren, dass es tatsächlich gängige Praxis ist, als Vorlage für eine Präsentation einfach eine frühere Präsentation zu nehmen. Und zwar meist unabhängig davon, ob diese zurückliegende Präsentation gut oder schlecht, langweilig oder unterhaltsam war. Oft wird nur darauf geachtet, dass alle nötigen Informationen untergebracht werden können und dass in den Grafiken die aktuellen Zahlen stehen. Alles Weitere wird so übernommen, wie es in der PowerPoint-Datei schon angelegt ist.

Wenn ich mit den Teilnehmern dann darüber spreche, sind sie meist selbst erstaunt darüber, dass sie dieses Vorgehen nicht hinterfragen. Zumal die meisten von ihnen sich selbst immer wieder über langweilige und sinnlose Präsentationen ärgern. Doch im Arbeitsalltag siegen dann doch häufig die Gewohnheiten und Routinen. Schließlich muss es meist auch schnell gehen, weil die Erstellung der Präsentation oft eine zusätzliche Aufgabe ist, die neben den üblichen Tagesaufgaben erledigt werden muss. Für langes Nachdenken und Neukonzipieren bleibt dann häufig keine Zeit.

Darüber habe ich dann natürlich auch mit den Vorgesetzten der Mitarbeiter aus meinen Seminaren und Coachings gesprochen. Auch diese waren überrascht über diese Tatsachen, mussten jedoch häufig auch zugeben, sich um die Fragen der Präsentationserstellung in vielen Fällen keine großen Gedanken zu machen. Sie sind eben auch davon ausgegangen, dass die Mitarbeiter doch einfach die Vorlage aus dem letzten Jahr nehmen könnten ...

Vermeintliche Bequemlichkeit ist also sicher auch eine Ursache für die vielen schlechten Auftritte. Dabei ist es überaus fraglich, ob es letztlich mehr Arbeit macht, eine alte Präsentation zu einem völlig anderen Thema irgendwie passend hinzubiegen, als sich von vornherein auf die eigenen Fähigkeiten zu verlassen. Denn daran, über Inhalte, Struktur, Zielsetzung, Botschaften und Argumente nachzudenken, kommt letztlich doch niemand vorbei, der auch nur einen halbwegs gelungenen Auftritt hinlegen will.

Nutzen Sie deshalb die Gelegenheit und vermeiden Sie alles, was Sie selbst stört, wenn Sie bei einer Rede, einem Vortrag oder einer Präsentation im Publikum sitzen.

22.1 11 typische Fehler

Ein hartnäckiger Klassiker der Präsentationsfehler ist gleich ein doppelter: Ein großes „Herzlich willkommen" auf der ersten Folie und ein ebenso großes „Danke für Ihre Aufmerksamkeit" auf der letzten Folie. Beides ist zwar sicher nett gemeint, jedoch völlig überflüssig und sorgt nur dafür, dass die Präsentation langweilig beginnt und ebenso langweilig endet. Doch die Liste der typischen Fehler ist natürlich noch länger:

1. **Es dauert zu lang:** Die allermeisten misslungenen Auftritte sind vor allem eines: zu lang. Zu ausführlich wird in das Thema eingeleitet, bevor der tatsächliche Hauptpunkt überhaupt das erste Mal zur Sprache kommt. Zu ausschweifend werden Details und Zusammenhänge erläutert. Zu oft werden gleiche Sachverhalte ähnlich oder noch einmal dargestellt. Und zu umständlich werden Fazit und Ausblick formuliert.

2. **Nichtssagende Schlagworte und Floskeln:** Viele Auftritte bestehen großenteils aus leeren Worthülsen und abgedroschenen Phrasen. Verzichten Sie auf Floskeln wie „Ich freue mich, dass Sie so zahlreich erschienen sind" und auf überstrapazierte Schlagworte wie „Kernkompetenzen", „Potenziale", „Strategien" auf Ihren Präsentationsfolien.

3. **Folien ablesen:** Auf vielen Folien steht zu viel Text. Wird der dann auch noch vorgelesen, verkümmert durch die vorweggenommenen Aussagen jede Spannung. Das Publikum hat den Eindruck, dass der Vortragende nur wiederholt, was ohnehin auf den Folien steht.

4. **Zu viele Folien:** Sehr verbreitet ist die Meinung, dass gerade bei wichtigen Präsentationen viele Folien eingesetzt werden müssten. Oft werden es zu viele: Das Publikum wird dadurch überfordert, die Kernbotschaften bleiben nicht haften, die Präsentation wird entweder im Eiltempo durchgepirescht oder sie dauert zu lange.

5. **Ungünstige Darstellung der Inhalte:** Wild blinkende Animationen, viele bunte Farben, unterschiedliche Schriften und Schriftgrößen und jedes zweite Wort gefettet und mit Ausrufezeichen versehen – wer die Inhalte so präsentiert, braucht sich nicht über den gequälten Gesichtsausdruck seiner Zuhörer zu wundern. Wenn dann noch zahlreiche Tippfehler (womöglich noch in den Überschriften) hinzukommen, wird es endgültig peinlich.

6. **Mangelnde persönliche Präsenz:** Auch ein grundsätzlich perfekter Auftritt wird wenig Wirkung zeigen, wenn die Persönlichkeit des Referenten undurchsichtig und nicht erkennbar

bleibt. Fehlende Persönlichkeit sowie ein Manko an eigener Überzeugung, Begeisterung und echten Emotionen machen jeden Auftritt steril und fade.

7. **Unverständliche Sprache:** Wenn das Publikum die Sprache (schriftlich oder verbal) nicht versteht, können auch keine Botschaften haften bleiben. Und es gibt viele Gründe für schlechte Verständlichkeit: zu leises Sprechen, schlechte Akustik, schlechtes Mikrofon und/oder Lautsprecher, undeutliche Aussprache – außerdem eine falsche Wortwahl wie unbekannte Fachbegriffe.

8. **Verkappte Entertainer:** Versuchen Sie es am besten erst gar nicht, den Komödianten zu spielen und auf Biegen und Brechen witzig zu sein, wenn es nicht zu Ihnen passt – oder noch schlimmer, nicht zum Anlass. Jedes Publikum hat feine Antennen gerade für gewollten Witz. Der ganze Auftritt kann deshalb schnell peinlich werden.

9. **Betriebsblindheit:** Gerade Experten auf einem bestimmten Gebiet vergessen schnell, dass andere in der gleichen Sache über ein weitaus begrenzteres Wissen verfügen. Wenn es dann nicht gelingt, sich in die Perspektive der Zuhörer zu versetzen, bleibt auch unklar, was den Zuhörern wichtig ist und welche Fragen sie haben. So können selbst inhaltlich einwandfreie Vorträge komplett am Ziel vorbeigehen.

10. **Kein Blick für das Wesentliche:** Längst nicht alles, was es zum Thema zu sagen gibt, muss tatsächlich gesagt werden. Auch wenn es gut gemeint ist – zu viele Details lenken nur vom Wesentlichen ab. Konzentrieren Sie sich daher auf Ihre Kernbotschaften und die wirklich wichtigen Informationen.

11. **Fehlende Struktur:** Der berühmte rote Faden ist längst sprichwörtlich – ohne ihn geht es einfach nicht. Sie brauchen eine klare, für das Publikum nachvollziehbare und logische Struktur. Andernfalls werden Sie mit Ihrem Auftritt mehr für Irritation als für Klarheit sorgen.

Und noch eine Kleinigkeit: Bitte verwenden Sie keinen Laserpointer! Wenn Sie tatsächlich einen brauchen, heißt das nur, dass Ihre Visualisierungen nicht funktionieren. Außerdem verstärken Laserpointer jedes kleine Zittern. Auf das Publikum wirken Sie daher schnell nervös, selbst wenn Sie es gar nicht sind.

22.2 Nicht die Software ist das Problem

Wenn die Fehlerquellen von Auftritten thematisiert werden, wird häufig auch die gängige Präsentationssoftware kritisiert. Insbesondere PowerPoint steht manchmal fast schon als Synonym für missglückte Präsentationen. In der Tat werden die unterschiedlichen Funktionen der Software vielfach sehr ungeschickt eingesetzt, sodass sie einer Präsentation mehr schaden als helfen. Aus dem einfachen Grund, dass es ja alle so machen, gilt nur eine solche Präsentation als professionell, bei der die technischen Möglichkeiten weitgehend ausgenutzt werden. Als Folge werden dann zahlreiche mit möglichst aufwendigen Spezialeffekten ausgestattete PowerPoint-Folien eingesetzt, was vom Publikum als nervig empfunden wird und dem Vortrag schadet.

Infolge der inflationären und übertriebenen Verwendung von Präsentationssoftware steigt auch die Kritik. Die seriösen Kritiker führen dabei vor allem die folgenden Punkte an:

- Bei vielen Präsentationen schaltet das Publikum in den Kinomodus: Es lässt sich von der Präsentation berieseln, bleibt passiv und kann keine emotionale Beziehung zum Vortragenden herstellen.
- Die technischen Hilfsmittel konkurrieren mit der Persönlichkeit des Vortragenden. Die Visualisierungen dominieren den Auftritt und ziehen die gesamte Aufmerksamkeit des Publikums auf sich, während der Vortragende in den Hintergrund tritt.
- Zu viel Text auf Folien verhindert eine sinnvolle Kombination von Visualisierungen mit sprachlichen Erläuterungen.

- PowerPoint-Präsentationen verführen dazu, den gesamten Vortrag mit Folien zu begleiten, auch wenn ein bestimmter Aspekt oder ein bestimmtes Detail das gar nicht erfordert. Der Vortragende wird zum Sklaven seiner Präsentation.

Diese Kritikpunkte sind nicht von der Hand zu weisen, sondern völlig berechtigt. Allerdings ist dies alles kein Schwachpunkt der Software selbst – vielmehr eine Folge des unreflektierten Umgangs mit ihr. Nicht die Software ist das Problem, sie kann ganz im Gegenteil eine große Hilfe sein – nur erfordert dies einen bewussten und souveränen Einsatz. Die Fehler bei der Erstellung von Power-Point-Präsentationen sind bekannt, es liegt also an jedem selbst, sie nicht zu wiederholen.

Das Wichtigste dabei: Visualisierungen können nur eine Unterstützung des gesprochenen Vortrags sein, um besondere Punkte hervorzuheben. Der Auftretende darf jedoch nicht zum Sklaven seiner Präsentation werden. Geschickt eingesetzt, macht eine Software wie PowerPoint einen Vortrag anschaulicher, vor allem dann, wenn der Schwerpunkt mehr auf Bilder oder Grafiken als auf eingeblendete Texte gelegt wird.

Außerdem ist nicht zu vergessen: Gerade sehr gute und geübte Präsentatoren greifen heute vielfach wieder auf alte analoge Medien wie Pinnwand oder Flipchart zurück. Und das aus gutem Grund: Hier steht eindeutig der Vortragende im Vordergrund, und diese Medien sind sehr gut für eine direkte Interaktion mit den Teilnehmern geeignet. In allen Fällen liegt es an Ihnen selbst, wofür Sie sich entscheiden und wie Sie die medialen Hilfsmittel einsetzen. Dabei kann es eine große Hilfe sein, die Fehlerquellen genau zu kennen, um nicht selbst in die gleiche Falle zu laufen wie etliche Präsentatoren vor Ihnen.

23. | Die Struktur einer Präsentation auf einen Blick

Viele Auftritte scheitern allein deshalb, weil ihnen eine klare und nachvollziehbare Struktur fehlt. Wer zu einer Handlung bewegt oder von etwas überzeugt werden soll, will immer wissen, was die Gründe dafür sind und welche Chancen und Risiken sich daraus ergeben. Das kann nicht gelingen, wenn eine Präsentation chaotisch statt klar gegliedert ist und somit einen nebulösen Eindruck erweckt. Eine gelungene Präsentation basiert also immer auf einer harmonischen Gesamtkomposition, die sich aus mehreren strukturellen Elementen zusammensetzt.

Der Aufbau einer Präsentation folgt in der Regel dem klassischen Schema aus Einleitung, Hauptteil und Schluss, wobei jeder Teil eine spezifische Aufgabe erfüllt und bestimmte Teilelemente enthält.

Die Einleitung dient zunächst dem Ziel, die Aufmerksamkeit der Zuhörer zu wecken und Kontakt zu ihnen herzustellen. Anschließend wird das Thema, also der Gegenstand der Präsentation, kurz eingeführt und bei Bedarf der Ablauf der Präsentation erläutert. Dementsprechend sollten Sie folgende Teilschritte der Einleitung in Ihre Vorbereitung einbeziehen:

- Begrüßung und Vorstellung. Bedenken Sie dabei, dass Sie mit abgedroschenen Standardbegrüßungsformeln kaum positive Aufmerksamkeit erregen. Nutzen Sie bei der Vorstellung die Möglichkeit, auf Ihre fachliche Kompetenz hinsichtlich des Themas hinzuweisen, ohne dabei einen überheblichen Eindruck zu hinterlassen.
- Aufhänger Ihrer Präsentation. Es gibt die verschiedensten Möglichkeiten für interessante Aufhänger, beispielsweise eine provozierende These, ein versprochener Nutzen, eine Anekdo-

te, eine überraschende Frage, eine Situation aus dem (Berufs-) Alltag der Zuhörer etc. Wenn Sie mit dem Aufhänger gleich das Kernthema Ihrer Präsentation gezielt benennen, haben Sie das Interesse sicher auf Ihrer Seite.

- Darstellung von Thema und Ziel der Präsentation. Suchen Sie nach einer kurzen, präzisen und eingängigen Formulierung, die Gegenstand und Zielsetzung Ihrer Präsentation benennt.
- Informationen zum Ablauf. Gerade bei aufwändigeren Präsentationen mit vielen Zuhörern ist es oft hilfreich, Dauer, Gliederung und bestimmte Abschnitte der Präsentation vorab anzukündigen. Dadurch schaffen Sie Transparenz, und Ihre Zuhörer können Ihnen besser folgen.

Der Hauptteil nimmt selbstverständlich den größten Raum innerhalb der Präsentation ein. Hier werden die relevanten Informationen vermittelt, die Kernbotschaften veranschaulicht und die Argumente vorgetragen. Wichtig ist, dass der Hauptteil in sich logisch gegliedert ist und die einzelnen Informationen und Argumente in einem sinnvollen Zusammenhang dargestellt werden. Es gibt einige Argumentationsfiguren, die dabei helfen können (siehe Kapitel 12).

Gerade im Hauptteil ist es sehr wichtig, dass Sie sich an einer übersichtlichen, systematischen und nachvollziehbaren Struktur orientieren. Fehlt es hier an der notwendigen Übersicht, besteht die Gefahr, dass die Aufmerksamkeit des Publikums nachlässt. Wer Ihren Ausführungen nicht folgen kann, wird sich gewiss nicht überzeugen lassen.

Zwischen dem Hauptteil und dem Schluss (oder auch erst nach dem Schluss) kommt es in der Regel zur Interaktion zwischen Präsentator und den Teilnehmern. Im Rahmen einer Diskussion haben Ihre Zuhörer die Möglichkeit, Fragen zum Inhalt zu stellen. Wichtig ist, dass Sie schon vorab entscheiden, welchen Umfang der **Interaktionsteil** einnehmen soll. Ganz verzichten können Sie jedoch niemals darauf, dass während oder im Anschluss an die

Präsentation eine persönliche Interaktion stattfindet. Denn hier werden die Teilnehmer direkt in das Geschehen eingebunden, und hier zeigt sich, welche Wirkung Ihre Präsentation hinterlassen hat. Achten Sie ganz grundsätzlich darauf, dass alle Beiträge sachgerecht und partnerorientiert behandelt werden, auch dann, wenn Sie mit schwierigen Sachfragen oder kritischen Einwänden konfrontiert werden.

Häufig werden Diskussionen eher formell eröffnet. Solche Übergänge in die Interaktion mit Fragen wie „Haben Sie Fragen?" oder „Bestehen noch Unklarheiten?" bergen jedoch oft die Gefahr, dass niemand etwas sagt. Und damit entsteht dann eine unangenehme Situation für alle Beteiligten. Günstiger ist es daher, einen Übergang zu wählen, bei dem es unmittelbar zur Interaktion zwischen Ihnen und Ihren Zuhörern kommt. Hierfür bieten sich mehrere Varianten an:

- Bitten Sie einen einzelnen Teilnehmer, den Sie vielleicht persönlich kennen oder der Ihnen als Entscheidungsträger bekannt ist, um seine Einschätzung: „Herr Schmidt, wie beurteilen Sie diesen Lösungsvorschlag?"
- Knüpfen Sie an ein Vorgespräch oder an Gespräche während der Pausen an: „In der Pause kam die Frage auf …"
- Zeigen Sie noch einmal eine wesentliche Grafik oder ein wichtiges Diagramm und ermuntern Sie das Publikum zu Fragen und Anmerkungen: „Diese Folie fasst meinen Lösungsvorschlag zusammen. Sie erkennen sofort die sich bietenden Vorteile. Haben Sie hierzu noch Fragen?"
- Der fließende Übergang von Präsentation zu Interaktion: „So weit die wichtigsten Vorzüge unseres Lösungsvorschlags. Haben Sie Fragen zur Umsetzbarkeit in Ihrem Unternehmen?"

Nachdem in der Interaktion alle Fragen und Unklarheiten geklärt sind, gilt es, ein für alle Beteiligten positives Ende zu finden.

Der Schlussteil dient vor allen Dingen der prägnanten Zusammenfassung der Kernaussagen der Präsentation und der Formulierung eines Fazits. Damit können Sie gleichzeitig einen Ausblick auf die zukünftige Umsetzung oder auch einen Appell an die Zuhörer formulieren. Da der Schlussteil einen erheblichen Anteil daran hat, welchen Eindruck Sie bei Ihren Zuhörern hinterlassen, lohnt es sich, auch ihn gut vorzubereiten. Es gibt verschiedene Möglichkeiten, den Abschluss ein wenig aufzuwerten und den angefangenen Spannungsbogen wirkungsvoll zu Ende zu führen. Sie können zu diesem Zweck beispielsweise Ihren Einstiegsgedanken wieder aufgreifen und zu Ende führen.

Wichtig ist außerdem, dass Sie während Ihrer Zusammenfassung keine weiteren Visualisierungen verwenden. Ihre Teilnehmer sollen sich jetzt ganz auf Ihre Worte konzentrieren und das Gefühl erhalten, zu einem guten Ende gekommen zu sein.

Schlusswort

Auftritt ist ein großes Wort, das uns leicht auf die falsche Fährte bringt: Wir denken an die große Rede zu einem feierlichen Anlass, an den Vortrag bei einer Konferenz und an die Präsentation vor wichtigen Kunden. All dies sind wichtige Auftritte, die auch im Zentrum dieses Buches stehen. Neben diesen großen Ereignissen hat jeder von uns jedoch geradezu täglich viele kleine Auftritte. Wir geben der Sache zwar meist einen anderen Namen (Gespräch, Meeting, Sitzung usw.), in vielen Punkten unterscheiden sich diese kleinen Auftritte jedoch nicht von den großen. Oft besteht der Unterschied zwischen einem Vortrag oder einer Präsentation vor einem großen Publikum und unseren alltäglichen Auftritten lediglich in der Zahl der Zuhörer. Daher kommt es auch bei den alltäglichen Auftritten auf die eigene Persönlichkeit an. Die Zuhörer machen sich ein Bild von uns, beurteilen unsere Kompetenz, Ausstrahlung und das gesamte Auftreten. Und nahezu immer ist der persönliche Erfolg untrennbar mit dem eigenen Auftreten verknüpft.

Zumindest in der Summe sind die vielen kleinen Auftritte nicht minder wichtig als die bei größeren Veranstaltungen. Mein Tipp ist daher: Nutzen Sie das neu gewonnene Wissen über einen souveränen Auftritt nicht nur zu besonderen Anlässen, sondern auch in Ihrem (beruflichen) Alltag. – Ob es nun darum geht, ein Bewusstsein für das eigene Auftreten zu bekommen, wirkungsvolle Argumente zu finden oder sich mehr in die Welt der Zuhörer oder Gesprächspartner einzufühlen und sie mit den richtigen Worten zu überzeugen – all diese und viele andere Aspekte, die Ihnen bei einem wirkungsvollen Auftritt zum Erfolg verhelfen, leisten Ihnen auch in ganz alltäglichen Situationen wertvolle Dienste.

So können Sie von dem Wissen über wirkungsvolle Auftritte gleich doppelt profitieren: bei wichtigen Reden, Vorträgen und Präsentationen und ebenso im beruflichen und privaten Alltag.

Nutzen Sie die Gelegenheiten für einen starken Auftritt!

Ihr Stéphane Etrillard

Literaturverzeichnis

ARISTOTELES: *Rhetorik.* München: Fink, 1995.

BENIEN, KARL: *Schwierige Gespräche führen. Modelle für Beratungs-, Kritik- und Konfliktgespräche im Berufsalltag.* Hamburg: Rowohlt, 2005.

BLICKLE, G.; WITZKI, A.; SCHNEIDER, P. B.: Mentoring Support and Power: A Three Year Predictive Field Study on Protégé Networking and Career Success. *Journal of Vocational Behavior,* 74, 2009.

BOOHER, DIANNA: *Communicate with Confidence!* Colleyville: Booher Consultants, 2012.

BRÜGGEMEIER, BEATE: *Wertschätzende Kommunikation im Business. Wer sich öffnet, kommt weiter.* Paderborn: Junfermann, 2010.

CIALDINI, ROBERT B.: *Influence. The Psychology of Persuasion.* New York: Harper, 1993.

DALL, MARTIN: *Sicher präsentieren, wirksam vortragen.* München: Redline, 2014.

DANZ, GERRIET: *Neu präsentieren. Begeistern und überzeugen mit den Erfolgsmethoden der Werbung.* Frankfurt am Main: Campus, 2010.

DONNERT, RUDOLF; KUNKEL, ANDREAS: *Präsentieren – gewusst wie. Praktischer Leitfaden für Vortrag, Moderation und Seminar unter Einsatz neuer Medien.* Würzburg: Lexika Verlag, 2002.

ELLIOT, JAY; SIMON, WILLIAM L.: *Steve Jobs iLeadership. Mit Charisma und Coolness an die Spitze.* München: Ariston, 2011.

ETRILLARD, STÉPHANE: *Charisma. Einfach besser ankommen. 55 Fragen und Antworten zum Mythos Charisma. Von grauen Mäusen und echten Persönlichkeiten.* Paderborn: Junfermann, 2010.

ETRILLARD, STÉPHANE: *Mit Diplomatie zum Ziel. Wie gute Beziehungen Ihr Leben leichter machen.* Offenbach: Gabal, 2013.

ETRILLARD, STÉPHANE: *Gesprächsrhetorik. Souverän agieren – überzeugend argumentieren.* Göttingen: BusinessVillage, 2005.

ETRILLARD, STÉPHANE: *Prinzip Souveränität.* Zürich: Midas Management Verlag, 2014.

ETRILLARD, STÉPHANE: *Selbst-PR für Verkäufer.* Wiesbaden: Gabler, 2005.

ETRILLARD, STÉPHANE; MARX-RUHLAND, DORIS: *Erfolgreich führen durch gelungene Kommunikation: Die sieben Grundregeln für perfekte Gesprächsführung.* Göttingen: BusinessVillage, 2005.

FITZHERBERT, NICK: *Die perfekte Präsentation.* München: Ariston, 2011.

FLETCHER, LEON: *How To Speak Like A Pro.* New York: Ballantine Books, 1983.

GALLO, CARMINE: *Überzeugen wie Steve Jobs. Das Erfolgsgeheimnis seiner Präsentationen.* München: Ariston, 2010.

GOLEMAN, DANIEL: *Emotionale Intelligenz.* München: dtv, 2004.

GRÜNIG, CAROLIN; MIELKE, GREGOR: *Präsentieren und Überzeugen. Das Kienbaum-Trainingskonzept.* München: Haufe, 2004.

HARTIG, WILLFRIED: *Moderne Rhetorik und Dialogik.* Heidelberg: Sauer, 1993.

HASSON, GILL: *Brilliant Communication Skills.* Harlow, London: Pearson, 2012.

HOFMEISTER, ROMAN: *Handbuch der Redekunst.* Weyarn: Seehamer Verlag, 1993.

JOOST, ANDREA: *Mit Worten bewegen. Präsentationen und Reden, die wirklich begeistern.* Weinheim: Wiley-VCH, 2013.

LINDEMANN, GABRIELE; HEIM, VERA: *Erfolgsfaktor Menschlichkeit. Wertschätzend führen – wirksam kommunizieren.* Paderborn: Junfermann, 2011.

LÖHKEN, SYLVIA: *Leise Menschen – starke Wirkung. Wie Sie Präsenz zeigen und Gehör finden.* Offenbach: Gabal, 2012.

MENTZEL, WOLFGANG: *Rhetorik. Sicher und erfolgreich sprechen.* München: dtv, 2000.

MONARTH, HARRISON; KASE, LARINA: *The Confident Speaker. Beat Your Nerves and Communicate at Your Best in Any Situation.* New York: Mc-Graw-Hill, 2007.

NEUMANN, JÖRG: *Ihr Auftritt zum Erfolg. Präsentationen souverän meistern.* Zürich: Orell Füssli, 2004.

PATTERSON, KERRY (u. a.): *Heikle Gespräche. Worauf es ankommt, wenn viel auf dem Spiel steht.* Wien: Linde, 2012.

RETTNER, KLAUS: *Reden halten – gewusst wie. Die Kunst, lehrreich, unterhaltsam und bewegend zu sprechen.* Würzburg: Lexika Verlag, 2001.

ROSENBERG, MARSHALL B.: *Gewaltfreie Kommunikation: Eine Sprache des Lebens.* Paderborn: Junfermann, 2001.

SCHULZ VON THUN, FRIEDEMANN: *Miteinander reden.* Reinbek bei Hamburg: Rowohlt Taschenbuch Verlag, 2001 (Band I bis III).

THIELE, ALBERT: *Innovativ präsentieren.* Frankfurt am Main: F.A.Z.-Institut, 2000.

TOPF, CORNELIA: *Präsentations-Torpedos entschärfen. So überleben Sie persönliche Angriffe, Pannen, dumme Zwischenfragen und andere Störfaktoren.* München: Redline, 2010.

UEDING, GERT: *Klassische Rhetorik.* München: C. H. Beck, 2000.

UEDING, GERT: *Moderne Rhetorik.* München: C. H. Beck, 2000.

UEDING, GERT: *Grundriss der Rhetorik.* Stuttgart: Metzler, 1994.

WOLF, CHRIS: *Überzeugend leise! Wie stille Menschen ihre Stärken wirkungsvoll nutzen.* Göttingen: BusinessVillage, 2014.

Index

Über den Autor

Stéphane Etrillard ist internationaler Keynote Speaker und Executive Coach und zählt zu den meistgefragten und besthonorierten Topwirtschaftstrainern im deutschsprachigen Raum.

Der mehrsprachige Vortragsredner gilt als führender europäischer Experte für „persönliche Souveränität". Stéphane Etrillard, Kosmopolit französischen Ursprungs, lebt in der Kulturmetropole Berlin. In seiner Freizeit beschäftigt er sich leidenschaftlich mit Philosophie, Literatur und Klaviermusik und lernt mit großer Begeisterung das Klavierspielen.

Sein einzigartiges Know-how ist in fast 20 Jahren in der Beobachtung und Begleitung von über 25.000 Führungs- und Nachwuchskräften aus unterschiedlichsten Branchen entstanden. Zudem wurde er als Ausnahmepersönlichkeit unter die Top 100 Speakers aufgenommen. Mit seinen Privatissima im Bereich Rhetorik, Dialektik und Körpersprache, Diplomatie sowie Selbstvermarktung verhilft er seinen Kunden zu mehr Souveränität in allen Lebenslagen. Er steht einigen der angesehensten Familien Europas als Privatcoach mit Rat und Tat zur Seite. Zu seinen Coaching-Klienten zählen Manager aus Großunternehmen, Einzelunternehmer, mittelständische Unternehmer und Politiker sowie viele Menschen, die sich bei ihm neue Impulse holen, um ihre Kommunikation noch souveräner und ihr Leben erfolgreicher zu gestalten.

Stéphane Etrillard zählt das Who's Who europäischer Unternehmen zu seinen Firmenkunden. Das Spektrum seiner Kunden erstreckt sich von innovativen Mittelständlern über DAX-Unternehmen bis zu global agierenden Konzernen. Bei den führenden

Seminar- und Kongressveranstaltern zählt er zu den gefragtesten Referenten. In Zusammenarbeit mit Führungskräfte-Akademien und Seminarveranstaltern hat er Fach- und Führungskräfte von fast allen DAX-Unternehmen geschult.

2013 wurde sein Buch „Mit Diplomatie zum Ziel" im Wirtschaftsblatt in die Top Ten der deutschsprachigen Wirtschaftsbücher aufgenommen. Durch zahlreiche Vorträge und Publikationen ist er einem breiten Publikum bekannt geworden. Er ist Autor von über 40 Büchern, Lehrgängen und Audio-Coaching-Programmen, die zu den Business-Topsellern zählen. Täglich lesen bis zu 30.000 Menschen seine Coaching-Impulse in den sozialen Netzwerken.

Seine Coachings und Seminare führte er bis jetzt in Deutschland, Österreich, der Schweiz, den Niederlanden, Belgien, Luxemburg, Irland, Frankreich, Italien, Spanien, Tschechien, Ungarn sowie in Russland durch.

Stéphane Etrillard hat in der Trainer-, Coaching- und Speakerszene seit Jahren eine Ausnahmestellung: Er gilt als eine der profiliertesten und geachtetsten Persönlichkeiten der Weiterbildungsbranche, ist und bleibt dennoch ein absoluter Grenzgänger. Er wurde schon als „Meister der leisen Töne" bezeichnet, dennoch scheut er sich nicht, wenn nötig, eindeutig Position zu beziehen und klare Worte zu sprechen.

Aufgrund seiner Expertise wird er von der Presse oft angefragt, ist gerne gesehener Gast bei Podiumsdiskussionen und Talkrunden. Vielen ist er auch aus Rundfunk- und Fernsehinterviews bekannt.

Jedes Jahr organisiert er „Masterclasses" und „Masterclasses for Professionals", in denen er sein originäres Know-how an Unternehmer, Manager, Nachwuchskräfte sowie die neue Generation der Weiterbildungsbranche in komprimierter Form weitergibt. Viele Persönlichkeiten des öffentlichen Lebens, mit denen er nicht wirbt oder nicht werben darf, ließen sich in den letzten 20 Jahren von ihm coachen. In seinen Masterclasses steht Stéphane Etrillard seinen Klienten mit all seiner Expertise mit Rat und Tat zur Seite. Sie erfahren bewährte und praxiserprobte Strategien, die in keinem Buch stehen und die ihnen sonst niemand verraten würde.

Bereits seit vielen Jahren berät er auch Trainer, Coaches, Speaker zu Marketing- und Positionierungsthemen. Für alle Einzelunternehmer und Freiberufler, die richtig durchstarten wollen und sich als Erfolgsmarke langfristig positionieren möchten, hat er das Coaching-Programm Unwiderstehlichkeitscoaching oder wider die Logik des Scheiterns® entwickelt. Dieses Erfolgscoaching wendet sich an Freiberufler, Berater, Coaches, Speaker etc., die erfolgreich werden und bleiben wollen und vor allem mit Leistungen am Markt auftreten wollen, die auch gekauft werden.

↗ http://www.etrillard.com

MIT SOUVERÄNITÄT ZUM ERFOLG

Wenn Sie an Persönlichkeitsentwicklung im Bereich Souveränität und Rhetorik Interesse haben, sind Sie bei Stéphane Etrillard an der richtigen Adresse. Seit Jahren bietet er Weiterbildung für Geschäftsführer, Vorstände, Führungskräfte, Fach- und Nachwuchskräfte zu seinen Kernthemen in Form von Vorträgen, Seminaren und Einzelcoachings an.

Keynote Speaker | Top-Trainer | Executive Coach

Stéphane Etrillard: Er inspiriert die Besten

Seine exklusiven und hochkarätigen Seminare stehen seit Jahren unter dem Motto **Klasse statt Masse:**

- CHARISMA UND SOUVERÄNITÄT
- SOUVERÄNE DIALEKTIK UND KÖRPERSPRACHE
- RHETORIK UND DIALEKTIK PREMIUM
- MIT DIPLOMATIE ZUM ZIEL
- RHETORIKAUSBILDUNG
- MASTERCLASSES

In Kleingruppen und durch intensives Üben erhalten Sie in diesen Seminaren sofort anwendbares Praxiswissen und hilfreiches Feedback, mit dem Sie Ihre Stärken ausbauen können, egal, wo Sie heute stehen.

Ihre Zufriedenheitsgarantie: Stéphane Etrillard nimmt in seinen Privatissima maximal 6 Teilnehmer auf.

Weitere Informationen finden Sie auf seiner Website *www.etrillard.com*

Kontakt:
Tel: +49 - (0)211 - 936 7777 - 0 | Fax: +49 - (0)211 - 936 7777 - 1
www.etrillard.com | info@etrillard.com

Top Performance Group GmbH
Schloss Elbroich | Am Falder 4
D-40589 Düsseldorf

Entwickeln Sie Ihre Ausstrahlung

80 Seiten, kart. • € (D) 9,95 • ISBN 978-3-87387-762-7

REIHE KOMMUNIKATION • Charisma

STÉPHANE ETRILLARD
»Charisma«
Einfach besser ankommen

Erfahren Sie mehr über das Phänomen Charisma, indem Sie das Buch von Stéphane Etrillard zur Hand nehmen und finden Sie heraus, wie auch Sie Charisma entwickeln können.

Stéphane Etrillard beantwortet in seinem Buch 55 Fragen rund um das Thema Charisma. Dabei nennt er klare Kriterien, die einen charismatischen Menschen ausmachen und zeigt auf, dass Charisma durchaus erlernbar ist. Etrillard legt dar, wie es einem jeden gelingen kann, durch Persönlichkeitsentwicklung und Optimierung der Ausstrahlung Charisma zu erwerben.

Stéphane Etrillard (geb. 1966) gilt als führender Experte zum Thema »persönliche Souveränität«. Bei Führungskräften ist er als »Trainer der neuen Generation« gesucht und bekannt. Mit seinen Seminaren in den Bereichen Rhetorik / Dialektik sowie Selbst-PR verhilft er den Teilnehmern zu mehr Souveränität in allen Lebenslagen.

Souverän kommunizieren

192 Seiten, kart. • € (D) 17,90 • ISBN 978-3-95571-016-3

STÉPHANE ETRILLARD

»Fair zum Ziel«

Strategien für souveräne und
überzeugende Kommunikation

So groß wie die Unterschiede im Kommu-
nikationsverhalten, so groß sind auch die
Unterschiede in der Qualität der geführten
Gespräche und in der Qualität der
Ergebnisse. Die Erfahrung zeigt, dass
sowohl im Privat- als auch im Berufsleben
sehr viel Zeit und Energie verschwendet
wird, weil Gesprächspartner aneinander
vorbeireden und Gespräche misslingen.

Stéphane Etrillard zeigt , wie sich solche
kommunikativen Misserfolge vermeiden
lassen. Für private wie berufliche Gespräche
stellt er Strategien vor, wie Sie souverän und
doch diplomatisch, schlagfertig und doch fair
zu einer gelungenen Kommunikation finden.

Stéphane Etrillard (geb. 1966) gilt als führender Experte zum Thema
»persönliche Souveränität«. Bei Führungskräften ist er als »Trainer der
neuen Generation« gesucht und bekannt. Mit seinen Seminaren in den
Bereichen Rhetorik / Dialektik sowie Selbst-PR verhilft er den Teilnehmern
zu mehr Souveränität in allen Lebenslagen.

Präsentieren & begeistern!